Li Wang

Evaluierung der Einsetzbarkeit des lasergestützten Verfahrens zur selektiven Metallisierung für die Verbesserung passiver Intermodulation in Hochfrequenzanwendungen

FAU Studien aus dem Maschinenbau

Band 397

Li Wang

Evaluierung der Einsetzbarkeit des lasergestützten Verfahrens zur selektiven Metallisierung für die Verbesserung passiver Intermodulation in Hochfrequenzanwendungen

Dissertation aus dem Lehrstuhl für Fertigungsautomatisierung und Produktionssystematik (FAPS) Prof. Dr.-Ing. Jörg Franke

Erlangen
FAU University Press
2022

Bibliografische Information der Deutschen Nationalbibliothek:
Die Deutsche Nationalbibliothek verzeichnet diese Publikation in der Deutschen Nationalbibliografie; detaillierte bibliografische Daten sind im Internet über http://dnb.d-nb.de abrufbar.

Bitte zitieren als
Wang, Li. 2022. *Evaluierung der Einsetzbarkeit des lasergestützten Verfahrens zur selektiven Metallisierung für die Verbesserung passiver Intermodulation in Hochfrequenzanwendungen.* FAU Studien aus dem Maschinenbau Band 397. Erlangen: FAU University Press.
DOI: 10.25593/978-3-96147-543-8.

Der vollständige Inhalt des Buchs ist als PDF über den OPUS-Server der Friedrich-Alexander-Universität Erlangen-Nürnberg abrufbar:
https://opus4.kobv.de/opus4-fau/home

Verlag und Auslieferung:
FAU University Press, Universitätsstraße 4, 91054 Erlangen

Druck: docupoint GmbH

ISBN: 978-3-96147-542-1 (Druckausgabe)
eISBN: 978-3-96147-543-8 (Online-Ausgabe)
ISSN: 2625-9974
DOI: 10.25593/978-3-96147-543-8

Evaluierung der Einsetzbarkeit des lasergestützten Verfahrens zur selektiven Metallisierung für die Verbesserung passiver Intermodulation in Hochfrequenzanwendungen

Der Technischen Fakultät
der Friedrich-Alexander-Universität
Erlangen-Nürnberg

zur

Erlangung des Doktorgrades Dr.-Ing.

vorgelegt von

Li Wang

aus Xinjiang, China

Als Dissertation genehmigt
von der Technischen Fakultät
der Friedrich-Alexander-Universität Erlangen-Nürnberg

Tag der mündlichen Prüfung: 10.02.2022

Gutachter: Prof. Dr.-Ing. Jörg Franke
Prof. Dr.-Ing. André Zimmermann
(Universität Stuttgart)

Vorwort

Die vorliegende Arbeit entstand während meiner Tätigkeit als wissenschaftliche Mitarbeiterin am Lehrstuhl für Fertigungsautomatisierung und Produktionssystematik (FAPS) an der Friedrich-Alexander-Universität Erlangen-Nürnberg.

Mein besonderer Dank gilt meinem Doktorvater, dem Lehrstuhlinhaber Herrn Professor Dr.-Ing. Jörg Franke, für die Unterstützung meiner Forschungsarbeit, die Förderung meiner persönlichen und fachlichen Weiterentwicklung, das entgegengebrachte Vertrauen sowie die wissenschaftliche Freiheit, welche die erfolgreiche Arbeit im kreativen Umfeld des Lehrstuhls ermöglichten. Für weitere Unterstützung im Promotionsverfahren danke ich Frau Professorin Dr.- Ing. habil. Sigrid Leyendecker für die freundliche Übernahme des Prüfungsvorsitzes. Vielen Dank auch an Herrn Professor Dr.-Ing. André Zimmermann, Direktor des Instituts für Mikrointegration der Universität Stuttgart, für seine Gesprächsbereitschaft, die hilfreichen fachlichen Diskussionen meiner Arbeit und die Übernahme des zweiten Gutachtens. Bei Herrn Professor Dr. Nahum Travitzky vom Lehrstuhl für Werkstoffwissenschaften (Glas und Keramik) bedanke ich mich für sein Engagement als weiteres Mitglied des Prüfungskollegiums.

Mein großer Dank gilt außerdem meinen Kolleginnen und Kollegen des Lehrstuhls FAPS, insbesondere im Forschungsbereich Bordnetze, für den fachlichen Austausch und ihre Unterstützung bei meiner Arbeit sowie die äußerst kollegiale Arbeitsatmosphäre und Gemeinschaft. Besonders erwähnen möchte ich Robert Süß-Wolf, Dr. Timo Kordass, Marlene Kuhn, Huong Giang Nguyen, Lisbeth Silva, Iris Wittl, Florian Hefner, Paul Heisler, Moritz Meiners, Matthias Friedlein, Jan Fröhlich, Simon Frohlig, Niklas Piechulek, Lorenz Schmidt sowie Gerald Gion, Gertrud Stretz und Konstantin Lomakin vom Lehrstuhl LHFT.

Diese Dissertation beruht in Teilen auf Ergebnissen eines Industrieprojekts. Darum möchte ich auch den an diesem Projekt beteiligten Mitarbeitern und meinen Studenten meinen Dank aussprechen.

Ein weiteres Dankeschön geht an Frau Cora Fröhlich für das mühselige Korrekturlesen.

Nicht zuletzt möchte ich mich herzlich bei meinen Eltern Rong und Jun bedanken, weil sie mich bei meiner Ausbildung von China bis Deutschland stets unterstützt und gefördert haben. Mein größter Dank gilt meinem Mann Qiang und meiner Tochter Evelyn, die es mir mit viel Verständnis, Geduld und Liebe ermöglicht haben, meinen Traum zu erreichen, und mir eine große Stütze waren.

Inhaltsverzeichnis

Formelzeichen- und Abkürzungsverzeichnis

A	%	Absorptionsgrad
A_S	m^2	Scheinbare Kontaktfläche
A_T	m^2	Tragende Kontaktfläche
A_W	m^2	Wirksame Kontaktfläche
A-Spot	m^2	metallische Einzelfläche
B_1, B_2	–	Konstante
c	m/s	Lichtgeschwindigkeit
c_p	J/(kg · K)	spezifische Wärmekapazität
$c_{0,}c_{1,}c_{2,}\ c_{3,}c_4$	–	Regressionskoeffizienten
C	–	Ordnungszahl
C'	F/m	verteilte Kapazität
D	µm	Ablationsdurchmesser
D_T	m^2/s	Temperaturleitfähigkeit des Materials
E	J	Pulsenergie
E_m	MPa	Elastizitätsmodul
E_{ph}	J	Photonenenergie
E_0	–	Elektrisches Feld
f	kHz	Pulswiederholfrequenz
f_i	–	vorhergesagter Wert durch das Modell
f_n	Hz	Trägerfrequenz
f_{PIM}	Hz	Frequenz der PIM-Produkten
F	J/cm^2	Fluenz
F_a	J/cm^2	Akummulatierte Fluenz
F_o	–	Fourier-Zahl
F_{th}	J/cm^2	Ablationschwelle
$F_{th,ch}$	J/cm^2	photochemische Ablationschwelle
$F_{th,th}$	J/cm^2	photothemische Ablationschwelle
F_0	J/cm^2	Spitzenfluenz
$F_{0,optimum}$	J/cm^2	optimale Fluenz
G'	S/m	verteilter Leitwert
h	J · s	plancksche Wirkungsquantum
H	%	Hatching
H_0	–	Magnetisches Feld
I	W/cm^2	Intensität

$I(z)$	W/cm^2	Intensität in der Tiefe z
I_1, I_2, I_n	A	Maximalwert der Stromstärke
$I(l,t), I_n(l,t)$	A	Stromstärke
I_0	W/cm^2	Anfangsintensität
I_S	A	Stromstärke
J	A/m^2	Stromdichte
J_R	A/m^2	Stromdichte am Rand der Leitung
k	$W/(m \cdot K)$	Wärmeleitfähigkeit des Materials
l	mm	Länge der Leitung
l_{th}	µm	thermische Diffusionslänge
l_α	µm	optische Eindringtiefe
L_1, L_2	–	Mikrostreifenleitungen
L'	H/m	verteilte Induktivität
m_n	–	Ganzzahl
n	–	Anzahl der Trägerfrequenz
N_{in}	–	Anzahl der Eingangsneuronen
N_{hidden}	–	Anzahl der Neuronen der versteckten Schicht
N_{out}	–	Anzahl der Ausgangsneuronen
N_{train}	–	Anzahl der Datensätze
O	%	Überlappung
P	W	Leistung
P_L	W	Verlustleistung
q	W/m^3	joulesche Wärme pro Einheitsvolumen
$q(z,t)$	W/m^3	Wärmestromdichte je Volumeneinheit
$\dot{q}(z,t), \dot{q}(z,\omega)$	W/m^2	Wärmestromdichte je Flächeneinheit
q_0	W/m^2	Wärmestromdichte an der Oberfläche
Q_{AC}	W/m	niedrigste Frequenzkomponente
Q_{DC}	W/m	Gleichstromkomponente
r	µm	Radius
R	Ω	elektrischer Widerstand
R'	Ω/m	verteilter Widerstand
$R(T_0)$	Ω	elektrischer Widerstand bei Raumtemperatur T_0
$R(T)$	Ω	elektrischer Widerstand bei Temperatur T
$R'(T_0)$	Ω	verteilter Widerstand bei Raumtemperatur T_0

$R'(T)$	Ω	verteilter Widerstand bei Temperatur T
R^2	–	Determinationskoeffizient
R_m	–	multiple Korrelationskoeffizient
R_a, R_q	µm	Mittenrauwert und quadratische Rauheit
R_{th}	K/W	thermische Widerstand
s	m	Abstand zwischen zwei Punkte
S	J/K	Entropie des Systems
S_A	m^2	Fläche, durch die der Wärmestrom fließt
$S_{11}, S_{12}, S_{21}, S_{22}$	dB	S-Parameter
t	s	Zeit
t'	s	Ablationszeit
t_d	s	Degradationszeit
t_m	mm	Schichtdicke der Leitung
$t_{1,} t_2$	s	Lastschritt 1, Lastschritt 2
T	K	Temperatur
$T(z, \omega)$	K	zeitlich variierte Temperaturverteilung
T_a	K	Temperatur an der Oberfläche
T_z	K	Temperatur in der Entfernung in z - Richtung
T_{cr}	K	Schmelztemperatur
T_0	K	Umgebungstemperatur
ΔT	K	Temperaturdifferenz
ΔT_{DC}	K	Temperaturanstieg der Gleichstromkomponente
ΔT_{AC}	K	Temperaturanstieg der Frequenzkomponente
v	mm/s	Bewegungsgeschwindigkeit
v_a	mm/s	Schallgeschwindigkeit im Medium
V	m^3	Volume
$V_{2\omega_1-\omega_2}$	V	Spannungsabfall bei der Frequenz $2\omega_1 - \omega_2$
ΔV	V	Spannungsabfall
w	mm	Breite der Leitung
w_0	µm	Strahlradius
x	mm	Dimension im Koordinatensystem
X	–	Spalte im Tabellenparameterarray
y	mm	Dimension im Koordinatensystem
y_i	–	gemessener Wert
Y	–	Zeile im Tabellenparameterarray

z	mm	Dimension im Koordinatensystem
Z	s	Zeitschritt
Z_c	Ω	charakteristische Impedanz
Z_0	Ω	Referenzimpedanz
α	dB	Dämpfung
$\alpha_{\omega_1}, \alpha_{\omega_2}$	dB	Dämpfung bei der Frequenz ω_1 und ω_2
α_l	1/m	Absorptionskoeffizient des Materials
$\alpha_{Leitung}$	dB	Dämpfung der Leitung
$\alpha_{Substrat}$	dB	Dämpfung des Substrats
$\alpha_{Radiation}$	dB	Dämpfung durch Radiation
α_T	1/K	Temperaturkoeffizienten 1. Ordnung
β	rad/m	Phasenkonstante
γ	–	Ausbreitungskoeffizient
γ_n	–	Ausbreitungskoeffizient
δ	µm	Skintiefe
$\delta_{th,\omega}$	µm	thermische Diffusionslänge bei der Frequenz ω
ε_r	–	relative Dielektrizitätszahl
ε_{r_eff}	–	effektive Dielektrizitätszahl
λ	nm	Wellenlänge des Lasers
μ	H/m	absolute Permeabilität
ρ_d	kg/m	Dichte
$\rho(T_0)$	$\Omega \cdot m$	Spezifischer Widerstand bei Raumtemperatur T_0
$\rho(T)$	$\Omega \cdot m$	Spezifischer Widerstand bei Temperatur T
σ	S/m	elektrische Leifähigkeit
τ_d	s	Diffusionszeit der Wärme
τ_p	ns	Pulsdauer
τ_s	s	Ausbreitungszeit der Spannungswelle
ω, ω_n	1/s	Kreisfrequenz
$\emptyset_n$	rad	Phasenverschiebung
$\tan \delta$	–	Verlustfaktor

Au	Gold
BFN	Beamforming Network
BP	Backpropagation
BR	Bayesian-Regularisation

CTE	Wärmeausdehnungskoeffizient
Cu	Kupfer
DAS	Distributed antenna systems
DCS	Digital Cellular System
DOE	Design of Experiments
EGSM	Extended Global System for Mobile Communications
FAS	Fahrerassistenzsysteme
HF	Hochfrequenz
I-Prognose	Vorhersage von Einflussgrößen
KNN	Künstliches Neuronales Netz
LCP	Flüssigkristalline Polymere
LDS®	Laser-Direkt-Strukturierung
LM	Levenberg-Marquardt
LTE	Long Term Evolution
MID	Mechatronic Integrated Devices
MIMO	Massive Multiple Input Multiple Output
MSE	Mittlere quadratische Abweichung
MSL	Mikrostreifenleitung
MIM-Kontakt	Metall-Insulator-Metall-Kontakt
MM-Kontatkt	Metall-Metall-Kontakt
Ni	Nickel
O-Prognose	Vorhersage von Zielgrößen
PA	Polyamide
PC	Polycarbonate
PCB	Leiterplatte
PET	Polyethylen
PIM	Passive Intermodulation
PIM-DCS	Pegel der PIM-Produkte in DCS 1800
PIM-EGSM	Pegel der PIM-Produkte in EGSM 900
PIM-LTE	Pegel der PIM-Produkte in LTE 700
PIM-Frequenz	Frequenz der PIM-Produkten
PIM-Pegel	Pegel der PIM-Produkte
PIM-Produkte	Durch PIM erzeugte Produkte
PIM2, 3, 5, 7, 9	PIM-Ordnungen
PMMA	Polymethylmethacrylat
RF	Radio Frequency

REM	Rasterelektronenmikroskopie
SCG	Scaled-Conjugate-Gradient
S-Parameter	Streuparameter
TABLE	Tabellenparameterarray
tansig	hyperbolische tangentiale Sigmoidfunktion
TEM	Transversalelektromagnetische Welle
TRL	Through-Reflect-Line

Bildverzeichnis

Tabellenverzeichnis

1 Einleitung

Die Integration elektrischer Systeme in multifunktionale Produkte führt oft zu erheblichen Einbauproblemen. An diesem Punkt kommt ein kompaktes System mit integrierten Komponenten ins Spiel, um den Trend zu Miniaturisierung, Gewichtseinsparung und somit zu hochintegrierten Komponenten im begrenzten Bauraum zu erfüllen. Um diesen Herausforderungen gerecht zu werden, ist eine ständige Weiterentwicklung räumlicher spritzgegossener Schaltungsträger (Mechatronic Integrated Devices), kurz MID, zu beobachten. Die MID-Technologie ist dadurch charakterisiert, dass sie das Aufbringen von leitfähigen Strukturen auf dreidimensionale Schaltungsträger ermöglicht, und besitzt das Potenzial, einen disruptiven Wandel in der Aufbau- und Verbindungstechnik einzuleiten. Mit diesen Vorteilen haben sich MID-Bauteile in vielen Anwendungen, unter anderem in Automobilen, als Schalter, Steckkontakte und Kabelersatz sowie in der Medizintechnik als räumliche Schaltungsträger etabliert. [1] In Hochfrequenz (HF)-Anwendungen bietet die MID-Technologie auch hohes Nutzenpotenzial hinsichtlich Funktionalität und Integrationsdichte, wodurch die Leistung des drahtlosen Kommunikationssystems verbessert werden kann. Ein maßgeblicher Effekt, welcher die Leistung des vollkommen drahtlosen Kommunikationssystems beeinträchtigen kann, ist die passive Intermodulation.

Der Begriff *passive Intermodulation* (PIM) beschreibt Signalverzerrungen von mindesten zwei Signalen, die in einem nichtlinearen Übertragungssystem generiert werden können [2]. In letzter Zeit ist passive Intermodulation ein großes Anliegen im Bereich drahtloser Kommunikationssysteme, insbesondere bei verteilten Antennensystemen (distributed antenna systems; DAS) im Hinblick auf die zunehmende Komplexität der Kommunikationssysteme. Wenn diese Systeme einer ausreichend hohen Leistung ausgesetzt sind, werden die durch PIM erzeugten Produkte (PIM-Produkte) aufgrund von Nichtlinearitäten an den leitenden Elementen der passiven Komponenten wie Gehäuse, Übertragungsleitungen [3–5], Koaxialkabel [6, 7], Dämpfungsglieder [8], Antennen und Filter generiert [9, 10]. Als

Folge davon kann PIM zu einer Begrenzung der Systemkapazität, einem Anstieg der Rauschpegel des Empfängerpfades und somit einer Minderung der Übertragungsqualität führen [11, 12].

Aber nicht nur in solchen Hochleistungssystemen, sondern auch in Systemen, in denen die Pegel der Nutzsignale niedrig sind, kann das Problem von PIM nicht mehr vernachlässigt werden. Ein Bespiel ist ein System mit Low-Profile-Antennen für Radar- und Kommunikationssysteme. Diese Antennen sind bei Anwendungen von Millimeterwellen von wachsendem Interesse, beispielsweise für Fahrerassistenzsysteme (FAS) mit 77 GHz in modernen Kraftfahrzeugen zur Erkennung von toten Winkeln, zur Realisierung von automatischen Bremssystemen und zur Vermeidung von Kollisionen. Die Pegel der Nutzsignale in solchen Systemen sind relativ niedrig. Deshalb sind FAS-Empfänger auf eine hohe Empfindlichkeit angewiesen, um Radarrückläufe, die von Zielen wie Fußgängern und anderen Fahrzeugen reflektiert werden, zuverlässig zu erfassen. In diesem Fall müssen die Pegel der PIM-Produkte (PIM-Pegel) deutlich niedriger als Nutzsignale sein, um die Nutzsignale wiederherzustellen. [13]

Noch kritischer wird es, wenn das Kommunikationssystem mit erweitertem Frequenzspektrum, schnellerer Datenübertragungsrate und geringerer Signalverspätung eingerichtet ist. Bei der Lösung solcher Herausforderungen können unterschiedliche Konzepte, z. B. Beamforming Network (BFN) und Massive Multiple Input Multiple Output (Massive MIMO), eine wichtige Rolle einnehmen. Hinter den Konzepten steckt die Verwendung eines Antennenarrays mit einer größeren Anzahl Antennenelemente. [14]

Angesichts derartiger großer Fortschritte bei Antennensystemen entstehen heutzutage aber auch neue Herausforderungen aufgrund der Steigerung der Komplexität hinsichtlich PIM in den HF-Komponenten in der Fertigung [15]. Zum einen führen höhere Frequenzen auf der Produktionsebene zu kleineren Wellenlängen und somit zu verringerten Abmessungen von HF-Komponenten wie Antennen. Die Einhaltung der präzisen Abmessungen ist erforderlich, um die Generierung von PIM vermindern zu können [12]. Zum anderen vergrößert sich die Anzahl von individuellen Antennenelementen im

Kommunikationssystem, das in der Regel mehr als 10 Elemente enthält [16]. Die Integration der Elemente führt zu einer steigenden Anzahl an Verbindungs- und Kontaktstellen, die nicht nur erhebliche Kosten für Material und Einbau verursacht, sondern auch das Risiko für die Erzeugung von PIM ansteigen lässt [15][17]. Um diese Herausforderungen anzugehen, liefert die MID-Technologie eine gute Lösung, wodurch eine Integration von passiven HF-Komponenten wie Leitungen, Filtern und Antennen auf räumlichen Schaltungsträgern mit reduzierten Verbindungs- und Kontaktstellen ermöglicht werden kann [18].

Das lasergestützte Verfahren zur selektiven Metallisierung, hierbei vor allem das LPKF-Laserdirektstrukturierung® (LDS®-Verfahren), ist die am häufigsten eingesetzte die MID-Technologie zur Herstellung einer elektrisch leitfähigen Metallschicht auf der Oberfläche eines modifizierten thermoplastischen Polymers. Durch den Einsatz des LDS®-Verfahren ist es möglich, ein kompaktes Kommunikationssystem mit genauen Abmessungen sowie mit reduzierter Anzahl an Verbindungsstellen zu schaffen. Somit ist zu erwarten, dass sich die Erzeugung von PIM vermindern lässt. [19, 20]

Dennoch sind die Auswirkungen des LDS®-Verfahrens und der daraufhin stromlosen chemischen Metallisierung bei MID-Bauteilen für die HF-Anwendungen in Bezug auf den niedrigen PIM-Pegel als Leistungsanforderung noch nicht ausreichend untersucht. In Anbetracht der beschriebenen Probleme ist es die Aufgabe der vorliegenden Arbeit, die Einsetzbarkeit des LDS®-Verfahrens für die Verbesserung von PIM zu evaluieren.

Zu Beginn werden in Kapitel 2 die notwendigen theoretischen Grundlagen des LDS®-Verfahrens und der Stand der Technik in Bezug auf die PIM behandelt. Aufbauend auf den dargestellten Grundlagen werden die Anforderungen an MID-Bauteile bezüglich PIM vorgestellt, die von prozessrelevanten Qualitätsmerkmalen und Mechanismen der PIM abgeleitet sind. Hierbei wird die Mikrostreifenleitung als MID-Bauteil eingesetzt. Darauffolgend werden die Forschungsbedarfe und der Lösungsansatz beschrieben. Die zwei wesentlichen Forschungsschwerpunkte fokussieren sich zum einen auf die Untersuchung der Laserstrukturierung anhand der Charakterisierung der Ablation und der thermischen Simulation und zum anderen auf die Evaluierung der Auswirkung des LDS®-Verfahrens auf die PIM mithilfe der Parameterstudie und der analytischen Modellierung. Anhand des in Kapitel 2 dargestellten Lösungsansatzes werden die entwickelten Methoden zur Untersuchung der Laserstrukturierung und zur Bewertung der Auswirkung des LDS®-Verfahrens auf die PIM in Kapitel 3 und Kapitel 4 erläutert. Anschließend werden in Kapitel 5 und 6 die Ergebnisse aller vorgestellten Untersuchungen detailliert präsentiert und diskutiert. Kapitel 7 gibt einen kurzen Überblick über die Übertragbarkeit des LDS®-Verfahrens auf die Herstellung von Koplanarleitungen auf Keramik. Kapitel 8 schließt die Arbeit mit einer Zusammenfassung und einem Ausblick auf die potenziellen zukünftigen Forschungsrichtungen ab.

2 Stand der Technik

In diesem Kapitel wird zunächst der Stand der Technik betrachtet. Hierzu wird zuerst die MID-Technologie mit Schwerpunkt auf dem LDS®-Verfahren in Kapitel 2.1 und 2.2 beschrieben. Anschließend werden die Grundlagen von PIM in Kapitel 2.3 erläutert. Danach werden in Kapitel 2.4 die Anforderungen an MID-Bauteile für die Verbesserung von PIM in Mikrostreifenleitungen diskutiert. Abschließend folgt in Kapitel 2.5 die Problemstellung und Motivation. Am Schluss werden in Kapitel 2.6 die Forschungsbedarfe und der Lösungsweg abgeleitet.

2.1 Mechatronic Integrated Devices

Die MID-Technologie bietet einen effektiven Lösungsansatz durch die Realisierung mechatronischer, elektrischer und optischer Funktionen mittels selektiven Aufbringens leitfähiger Strukturen auf dreidimensionale, bisher vornehmlich spritzgegossene, thermoplastische Schaltungsträger [1][21]. Die MID-Technologie schafft damit völlig neue Möglichkeiten für die Produktgestaltung. Aufgrund der hohen Gestaltungsfreiheit der MID-Technologie können hochintegrierte Systeme mit einem enormen Rationalisierungspotenzial in Bezug auf die Optimierung von Fertigungsprozessen realisiert werden. Mit diesen Vorteilen bietet sich die MID-Technologie in vielen Anwendungen unter anderem in der Kommunikationstechnik, der Medizintechnik und der Automobilbranche an. [1]

Für die Herstellung von MID-Bauteilen für HF-Anwendungen stehen eine Reihe von Verfahren zur Verfügung. Hierzu zählen das additive und subtraktive Laserstrukturieren, der Zweikomponentenspritzguss (2K-Spritzguss), das Folienhinterspritzen und das Heißprägen. Ferner gewinnen auch Drucktechnologien und Plasmaverfahren zunehmend an Bedeutung. Mit Nano-Jet-Drucktechnologien können 3D-gedruckte Bowtie-Filter oder koplanare Wellenleiter mit feinen Strukturen hergestellt werden [22, 23]. Auch das LDS®-Verfahren besitzt aufgrund seiner Fertigungsgenauigkeit Potenzial für HF-Anwendungen. Bedingt durch die steigende Anzahl an Antennen und den andauernden Zwang zu mehr Miniaturisierung werden mit LDS® hergestellte Antennen eingeführt, die in die Gehäuse mit beschränktem Platzangebot integriert werden können (Bild 1) [24, 25][26].

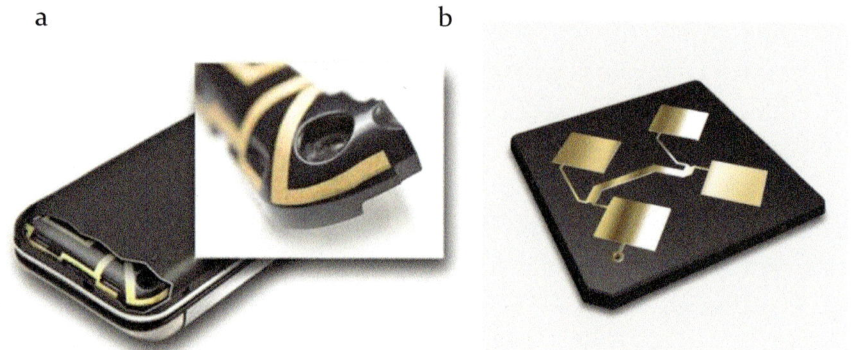

Bild 1: LDS® Antennen a) Antennen für Smartphone [27]; b) planare Antennen [28]

2.2 LDS®-Verfahren

Das LDS®-Verfahren nimmt aktuell mehr als 50 % Marktanteil aller Laserstrukturierungsverfahren ein [1], einschließlich der Verbraucherelektronik in Geräten wie Smartphones und Tablets. Im Automotive-Bereich bietet dieses Verfahren vor allem in Bezug auf Kommunikation und autonomes Fahren sowie Radar hohes Nutzungspotenzial [29]. Als Anwendung ist somit die Car-to-Car-Communication, bzw. die Car-to-X-Communication, vorgesehen, da diese als eine der Schlüsseltechnologien für das fahrerlose Fahren gesehen wird [30].

Hinsichtlich der Einsatzbarkeit in HF-Anwendungen bietet das LDS®-Verfahren viele Vorteile, z. B. kleine Komponenten mit präziser Abmessung. Der Laser als Werkzeug kann eine gleichbleibende Qualität der Komponente unter Einbeziehung von erhöhter Fertigungsgenauigkeit anhand der präzisen und erzielbaren Laserablation garantieren. Entscheidend ist jedoch die Möglichkeit der Integration. Patch-Antennen oder HF-Leitungen werden üblicherweise vorwiegend photolithografisch auf Leiterplatten gefertigt. Mittels LDS®-Verfahren können die Antennen und Leitungen von der Leiterplatte getrennt und direkt in ein bestehendes System integriert werden. Dadurch wird die Anzahl an Verbindungsstellen reduziert. Außerdem ist das LDS®-Verfahren umweltfreundlicher: Die Fertigung von Leiterplatten ist umweltschädlich, da eine Reihe von Chemikalien verwendet wird, die aufwendig zu entsorgen sind.

Das LDS®-Verfahren besteht im Wesentlichen aus drei Schritten:

- die Herstellung eines modifizierten thermoplastischen Polymers im Spritzgussverfahren,
- die Laserstrukturierung anhand von Laserbestrahlung und
- die stromlose chemische Metallisierung.

Bei der Laserstrukturierung werden Laser-Material-Wechselwirkungen im Fokus der Laserstrahlung ausgelöst, wodurch die Substratoberfläche aufgeraut und die Additive katalysiert werden. Infolgedessen befinden sich aktive Metallkeime, bespielweise Kupferkeime, die durch Aufspalten der Additive mittels Katalysierungsvorgang erzeugt werden, auf der Oberfläche des aufgerauten Substrats. Die elektrisch leitfähige Struktur entsteht durch eine chemisch-stromlose Kupferabscheidung an den Kupferkeimen, und eine vorwiegend mechanische Haftung auf der Oberfläche des aufgerauten Substrats kann realisiert werden. Die Kupferschicht (Cu) ist häufig mit einer anschließenden Metallisierung von Nickel (Ni) und darauf abgeschiedenem Gold (Au) zum Schutz vor Korrosion, Oxidation und mechanischem Verschleiß verbunden. [31] Die Prozesskette für die Entstehung von MID-Bauteilen mit dem LDS®-Verfahren ist in Bild 2 dargestellt.

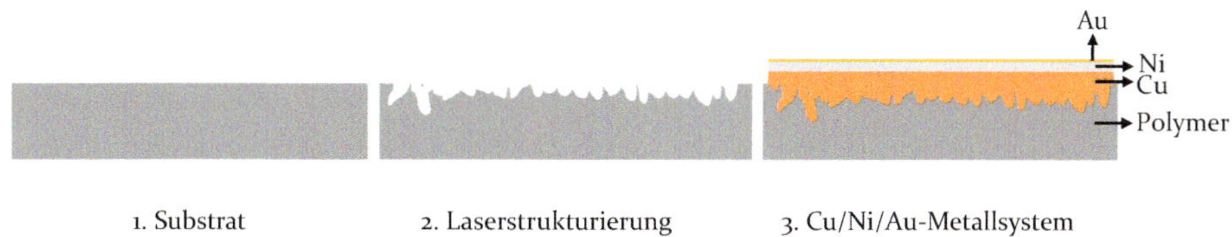

Bild 2: Prozesskette des LDS®-Verfahrens

Bei optimaler Abstimmung von Substrat, Laserstrukturierung und Metallisierung lassen sich feine Leiterbahnen mit einer Breite von ungefähr 100 µm erzielen. Die derzeitige technologische Grenze liegt bei 50 µm bei Leiterbahnbreite und Leiterbahnabstand [1][32]. Jedoch zeigen neueste Erkenntnisse, dass durch Anpassung der Prozessparameter deutlich geringere Leiterbahnbreiten erreicht werden können [33].

2.2.1 Materialauswahl für LDS®-Substrate

Als LDS®-Substrate kommen modifizierte thermoplastische Polymere zum Einsatz, die sich aus einer Polymermatrix und für die nachfolgende Metallisierung notwendigen LDS®-Additiven zusammensetzen. Bei den Additiven handelt es sich um pulverförmige Partikel mit einem Durchmesser von einigen Hundert Nanometern bis zu wenigen Mikrometern, die aus Kupferkomplexverbindungen (Chelate), Kupferoxid oder funktionalisierten Siliziumpigmenten bestehen [34]. Bei der Polymermatrix handelt es sich um spritzgießfähige thermoplastische Polymere wie LCP, PA, PET, PMMA oder PC, die im Schmelzezustand ein ausgezeichnetes Fließverhalten besitzen. Über 70 LDS®-Substrate sind kommerziell erhältlich [32]. Die Materialauswahl erfolgt je nach den mechanischen, thermischen sowie elektrischen Anforderungen zu unterschiedlichen Zwecken [1]. Die klassische Einteilung der thermoplastischen Polymere bezieht sich auf die Kriterien Preis/Leistung und Volumen/Menge und erfolgt in den drei Gruppen Hochleistungs-, technische und Standard-Thermoplaste (Bild 3) [35].

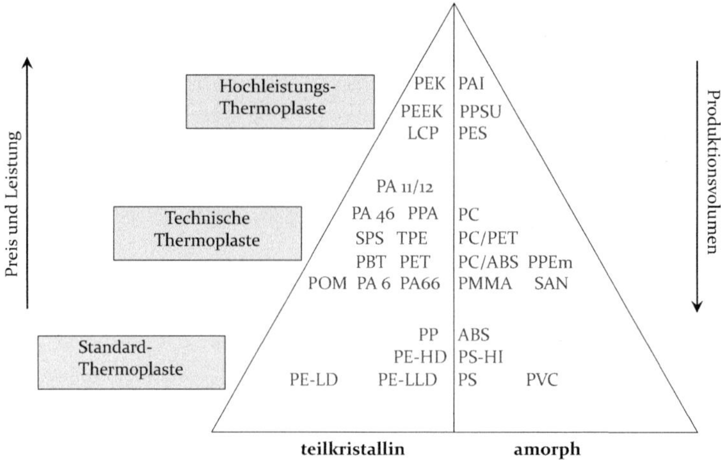

Bild 3: Einteilung der Thermoplaste [35]

Flüssigkristalline Polymere (LCP, engl. *Liquid Crystalline Polymer*) sind ein bekannter Vertreter der Hochleistungsthermoplaste. Bei der Verarbeitung besitzen LCP bereits im schmelzflüssigen Zustand quasikristalline Elemente, die sich in der Schmelze entlang der Fließrichtung ausrichten. Nach dem Erstarren behalten sie diese Ausrichtung, wodurch die Richtungsabhängigkeit der Eigenschaften von LCP bestimmt wird. Bezüglich ihrer mechanischen Eigenschaften besitzen LCP eine für Polymere außergewöhnlich hohe Festigkeit und Biegesteifigkeit in der Orientierungsrichtung der Moleküle. Durch Zugabe von Füll- und Verstärkungsstoffen können die mechanischen Eigenschaften von LCP deutlich verbessert werden. So können beispielsweise kohlenstofffaserverstärkte LCP einen Elastizitätsmodul E_m von bis zu 32 GPa und mit 40 % Mineralfüllstoff gefüllte LCP einen E-Modul von 9,3 GPa erreichen. [1, 35–37]

Neben den mechanischen Eigenschaften sind die elektrischen Eigenschaften für HF-Anwendungen besonders wichtig [38]. LCP haben über der gesamten HF-Reichweite bis zu 110 GHz eine nahezu konstante Dielektrizitätskonstante von 3,1. Hingegen haben LCP nur einen sehr geringen Verlustfaktor von etwa 0,002, der bei 110 GHz auf 0,0045 ansteigen kann. Deswegen eignen sich LCP auch für die Anwendung in der Millimeterwellentechnologie [39]. Außerdem besitzen sie eine hohe elektrische Spannungsfestigkeit, sind aber nur gering kriechstrombeständig [35].

Zuletzt sind die guten thermischen Eigenschaften zu betonen, vor allem die schwere Entflammbarkeit und die für Polymere sehr geringe und steuerbare Wärmeausdehnung [40]. Der steuerbare Wärmeausdehnungskoeffizient (CTE) von LCP kann so eingestellt werden, dass er mit CTE von Kupfer übereinstimmt [40]. In Querrichtung variiert der CTE von LCP aufgrund von unterschiedlicher Art und Menge der Füllstoffe zwischen $12 \cdot 10^{-6}$ 1/K und $27 \cdot 10^{-6}$ 1/K. In Orientierungsrichtung ist das CTE allergings sehr klein, teilweise sogar null. Des Weiteren liegt die Dauergebrauchstemperatur von LCP bei 200 °C bis 250 °C. [1, 35, 37]

Aufgrund der vielfältigen Vorteile eignen sich LCP sehr gut zur Herstellung von MID-Bauteilen insbesondere für HF-Anwendungen.

2.2.2 Laserstrukturierung

Laserstrukturierung erfolgt durch Laser-Material-Wechselwirkung, woraus einerseits die selektive Katalysierung der Additive und andererseits das präzise Aufrauen der Substratoberfläche resultieren. Letztere wird unter Laserablation in Form von gezielter Veränderung, Modifikation und Entfernung von Substratmaterial definiert, während der Vorgang der Laseraktivierung die Katalysierung der Additive beschreibt.

Da bisher kein wissenschaftlich fundiertes Prozessmodell für die Strukturierung von spritzgegossenen Schaltungsträgern existiert, müssen die Laserprozessparameter in Abhängigkeit von den Eigenschaften des Materials sowie von den Laserstrahlparametern des eingesetzten Lasers für jeden neuen Anwendungsfall aufwendig iterativ bestimmt werden (Bild 4). Die Materialeigenschaften, die bei der Laserstrukturierung wichtig sind, umfassen physikalische Eigenschaften wie Dichte, optische Eigenschaften wie Reflexions- und Absorptionsgrad sowie thermische Eigenschaften wie Temperaturleitfähigkeit und spezifische Wärmekapazität. Ferner muss die aus den Laserstrahlparametern, wie Pulsdauer, Wellenlänge und Strahlradius, sowie den Laserprozessparametern, wie Leistung, Pulswiederholfrequenz und Bewegungsgeschwindigkeit, resultierende räumliche und zeitliche Energiedichteverteilung optimal eingestellt werden, um erfolgreiche Laserstrukturierung auszuführen. [41] Eine geringe Energiedichte kann dazu führen, dass die in der Polymermatrix eingebetteten Additive nicht ausreichend reduziert werden, um eine Metallisierung zu initiieren. Im Fall einer hohen Energiedichte kann jedoch die Polymermatrix thermisch zersetzt werden, was zu einer schlechten Metallisierung führt.

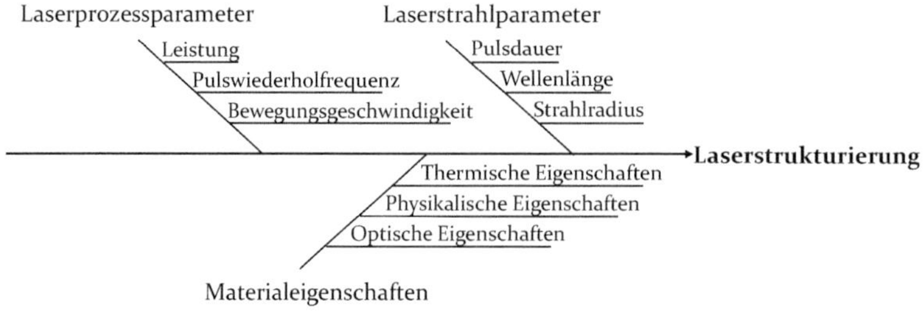

Bild 4: Einflussfaktoren auf die Laserstrukturierung

Laser-Material-Wechselwirkung

Der Wechselwirkungsvorgang zwischen Laser und Material bei der Laserstrukturierung beruht hauptsächlich auf der Übertragung von Laserenergie auf die Gitter- oder Netzwerkstruktur des Materials. Der Vorgang fängt mit der Absorption der Laserstrahlung auf der Oberfläche des Materials an, wobei sich die Laserintensität laut Lambert-Beerschem Gesetz unter Berücksichtigung eines material- und wellenlängenabhängigen Absorptionskoeffizienten α_l mit zunehmender Entfernung z von der Oberfläche verringert (Gleichung 1) [42].

$$I\,(z) = I_0 e^{-\alpha_l z} \tag{1}$$

Dabei steht I_0 für die Anfangsintensität und α für den material- und wellenlängenabhängigen Absorptionskoeffizient.

Die optische Eindringtiefe l_α, auch als Absorptionslänge bezeichnet, ist die Tiefe, bei der die Intensität auf den Wert 1/e abgefallen ist. Sie lässt sich nach Gleichung (2) aus dem Absorptionskoeffizient α_l berechnen [43, 44]:

$$l_\alpha = \frac{1}{\alpha_l} \tag{2}$$

Für eine Laserstrahlung mit zeitlich und räumlich gaußscher Verteilung kann die Intensität unter Berücksichtigung des Absorptionsgrades durch folgende Gleichung (3) ausgedrückt werden [45]:

$$I\,(z,r,t) = AI_0 e^{-2(r/\,w_0)^2} e^{-(t/\tau_p)^2} e^{-\alpha_l z} \tag{3}$$

Dabei steht A für den Absorptionsgrad, w_0 für den Radius der Laserstrahlung, am Fokuspunkt gemessen (Strahlradius), und τ_p für die Pulsdauer. In der Fokusebene bei z = 0 wird die Intensität nach Modifizierung der Gleichung (4) mit folgendem Modell beschrieben [46, 47]:

$$I\,(r,t) = AI_0 e^{-2(r/w_0)^2} e^{-(t/\tau_p)^2} \tag{4}$$

Für eine stationäre Situation wird die Fluenz der Laserstrahlung als Energiedichte eingeführt, die durch Integration der Gleichung (4) über die Zeit nach Gleichung (5) bestimmt werden kann:

$$F(r) = \int_{-\infty}^{\infty} I(r,t)dt = I_0\tau_p\sqrt{\pi}e^{-2(x^2+y^2)/{w_0}^2} \tag{5}$$

Mit Spitzenfluenz $F_0 = I_0\tau_p\sqrt{\pi}$ und $r^2 = x^2 + y^2$ wird die Gleichung (5) nach Gleichung (6) von Polarkoordinaten in kartesische Koordinaten umgerechnet:

$$F(x,y) = F_0e^{-2(x^2+y^2)/{w_0}^2} \tag{6}$$

Des Weiteren wird die Energie der Laserstrahlung durch Integration der Fluenz nach Gleichung (7) berechnet:

$$E = \int_{-\infty}^{\infty}\int_{-\infty}^{\infty} F(x,y)\,dx\,dy = \frac{1}{2}F_0\pi{w_0}^2 = \frac{1}{2}\pi{w_0}^2\,I_0\tau_p\sqrt{\pi} \tag{7}$$

Für einzelne Laserpulse mit angegebener Leistung P und Pulswiederholfrequenz f gilt $E = \frac{P}{f}$. Daraus ergibt sich die Anfangsintensität über Gleichung (8):

$$I_0 = \frac{2E}{\pi\tau_p\sqrt{\pi}} = \frac{2P}{f\pi{w_0}^2\tau_p\sqrt{\pi}} \tag{8}$$

Setzt man Gleichung (8) in Gleichung (5) ein, ergibt sich über Gleichung (9) das Modell einer Oberflächenquelle:

$$F(x,y,t) = \frac{2P}{f\pi{w_0}^2}e^{-2(x^2+y^2)/{w_0}^2} \tag{9}$$

Unter Einbeziehung einer beweglichen Laserbestrahlung in x - Richtung kann Gleichung (9) durch Einbringen der Verschiebung der Anfangsposition $v\Delta t$ in Gleichung (10) umgeschrieben werden, wobei v die Bewegungsgeschwindigkeit der Laserstrahlung ist und Δt maximal gleich $1/f$ ist.

$$F(x,y,t) = \frac{2P}{f\pi{w_0}^2}e^{-2[(x+v\Delta t)^2+y^2]/{w_0}^2} \tag{10}$$

Außerdem kann die Absorption zu einer thermischen Wechselwirkung zwischen Laser und Material führen, wodurch die

Wärmeleitung durch das Material aufgrund der thermischen Diffusionslänge l_{th} erfolgt. Für eine Pulsdauer von 4 ps bis 8 µs kann die Diffusionslänge über Gleichung (11) bestimmt werden [42, 43, 48]:

$$l_{th} = 2\sqrt{D_T \cdot \tau_p} \tag{11}$$

Dabei steht D_T für die Temperaturleitfähigkeit.

Ablationsmechanismus

Die Laser-Material-Wechselwirkung führt zu einer schichtweisen Entfernung des Materials in der Ablationszone. Diese ist zur Vereinfachung auf zwei wesentliche Modelle zurückzuführen: photochemische Ablation und photothermische Ablation (Bild 5).

Bei der photochemischen Ablation von Polymeren werden chemische Bindungen durch die eingebrachte Laserenergie direkt aufgebrochen. Dies geschieht dann, wenn die aufgenommene Laserenergie zur Bindungsspaltung ausreicht. Als Folge daraus verlassen die Ablationsprodukte wie Atome, Molekülsegmente oder Monomereinheiten die Ablationszone. Dieser Vorgang heißt auch photochemische Dekomposition, und die dadurch freigesetzte Energie kann zu einer Erhöhung des Innendrucks im Polymer führen. [49][53, 60]

Eine photothermische Ablation zeichnet sich dadurch aus, dass die absorbierte Laserenergie in Wärme umgewandelt wird und es zum thermischen Zerfall der Polymere aufgrund der erhöhten Temperatur kommt. Auf diese Weise werden die chemischen Bindungen durch thermische Energie aufgebrochen, und es kommt zur Ablation. [50–52, 49, 53, 54]

Dennoch ist Laserablation von Polymeren ein kompliziertes Phänomen, und der Ablationsmechanismus ist immer noch umstritten. Eine photochemische Dekomposition kann auch mit der Freisetzung von Energie einhergehen, wodurch die Temperatur im Polymer ansteigt und sich im weiteren Verlauf ein thermischer Zerfall entwickelt [49]. Ferner sind Polymere ein komplexes Material. Es besteht zum einen aus den primären kovalenten Bindungen, die die Atome in den Polymermolekülen zusammenhalten. Zum anderen stehen die Polymerketten miteinander durch Sekundärbindungen wie Wasserstoffbrückenbindung und Van-der-Waals-Bindung in Wechselwirkung [55]. Diese Sekundärbindungen sind schwache chemische Bindungen zwischen Molekülen und können leichter als primäre Bindungen aufgebrochen werden. Infolgedessen kann es zur stufenweisen und schwer trennbaren Kettenspaltung und Nachvernetzung kommen. [21]

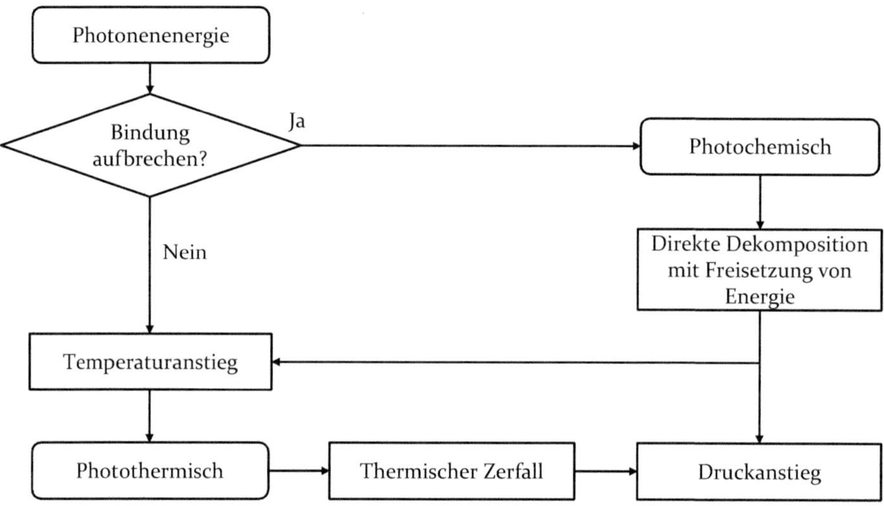

Bild 5: Flussdiagramm zur Charakterisierung der Ablationsmechanismen

Die Energiedichte der Laserstrahlung, ab der eine Ablation stattfindet, hat für jedes Material bei konstanter Pulsdauer und Wellenlänge einen charakteristischen Wert, der als Ablationsschwelle F_{th} bezeichnet wird. Allerdings existieren bei der Materialbearbeitung mit gepulsten Lasern neben der Ablationsschwelle für Einzelpuls zusätzlich auch Ablationsschwellen für Multipulse. Trifft ein einzelner Laserpuls auf eine noch nicht bestrahlte Materialoberfläche und es kommt zum Materialabtrag, so wird die Einzelpulsschwelle erreicht. Sind mehrere Laserpulse notwendig, um das Material abzutragen, handelt es sich um eine Multipulsschwelle, wobei die Ablationsschwelle in Abhängigkeit von der Pulszahl pro Stelle reduziert wird. Die Ursache hierfür liegt in dem Phänomen der Inkubation, bei der durch mehrere Laserpulse mit Fluenzen unterhalb der Einzelpulsschwelle die Materialeigenschaften so modifiziert werden, dass ein Materialabtrag stattfindet. Der Vorgang kann zur Modifikation des Materials durch vorangegangene Laserpulse und zu Wärmeakkumulation im Material führen [42, 56, 57, 46, 44]. Die Modifikation des

Materials ist häufig mit chemischen Reaktionen, Mikrodefekten oder Farbzentrenbildungen verbunden, wodurch eine Erhöhung der Absorption bei der Bestrahlungswellenlänge resultieren kann [49][53, 60].

Ablationsqualität

Als örtlich präzise Ablation bezeichnet man ein gezieltes Entfernen des Materials in kleinem Volumen unter Laserbestrahlung. Wenn photochemische Ablation nicht betrachtet wird, verursacht eine Laserstrahlung mit räumlicher Verteilung der Energiedichte eine räumliche Diffusion von Wärme im Material. Bei diesen Vorgängen müssen zwei Effekte berücksichtigt werden: thermischer Einschluss (engl. *Thermal Confinement*) und Spannungseinschluss (engl. *Stress Confinement*) [58]. Dabei ist ein thermischer Einschluss erreicht, wenn die Pulsdauer τ_p kürzer als die Diffusionszeit der Wärme τ_d ist. Somit kann die Wärme im Material während der Pulsdauer auf ein kleines Volumen innerhalb des Strahldurchmessers räumlich begrenzt und gleichmäßig verteilt werden. [58, 59] Begleitend dazu wird thermische Expansion ausgelöst, wodurch Spannung in dem erwärmten Volumen entsteht. Die Relaxation von Spannung führt zum Abtrag einer dünnen und aufgeschmolzenen Schicht aus dem Material. Dieser Vorgang wird als Spallation oder photomechanische Ablation bezeichnet. Er tritt auf, wenn die Pulsdauer kürzer als die Ausbreitungszeit τ_s der Spannungswelle ist. [58–61] In diesem Fall kann Spannung sich nicht im dem erwärmten Volumen ausbreiten, sondern wird bei der Ablation des Materials mit abgebaut. Somit wird das umliegende Material im Bereich außerhalb der Laserbestrahlung wenig oder nicht beschädigt, was eine örtlich möglichst präzise Ablation ermöglicht. [62]

2.2.3 Metallisierung

Neben der Laserstrukturierung gehört die Metallisierung zu den wichtigsten Schritten bei der Fertigung von MID-Bauteilen. Dabei wird auf die laserstrukturierte Oberfläche eine metallische Schicht aus Kupfer, Nickel und Gold aufgebracht. Vor der Metallisierung ist es wichtig, die laserstrukturierte Oberfläche zu reinigen. Eine unzureichende Reinigung kann zu Fremdmetallisierungen führen, die wiederum Kurzschlüsse und damit Defekte verursachen können. Zur Reinigung der Bauteile können verschiedene Verfahren eingesetzt werden, einschließlich nasschemischen Verfahren, CO_2-Schneestrahlen und Wasserstrahlreinigen. Das in dieser Arbeit verwendete nasschemische Verfahren erfolgt häufig in einer wässrigen, netzmittelhaltigen Reinigungslösung unter Zuhilfenahme von Ultraschall und Temperatureinwirkung. Im Anschluss an den Reinigungsvorgang erfolgt die Vorbehandlung der laserstrukturierten Oberfläche, bei der in mehreren Spülgängen Reinigungsmittel- und Kunststoffreste entfernt werden. [1]

Zur Metallisierung werden außenstromlose Metallisierungsbäder eingesetzt. Die Metallisierungsbäder bestehen dabei aus wässrigen Metallsalzlösungen, einem Reduktionsmittel und verschiedenen Additiven, beispielweise Komplexbildner und Stabilisatoren. Bei der Reaktion wird auf der aktivierten Oberfläche ein Elektron an das jeweilige Metall-Ion abgegeben, sodass sich ein Metall-Atom bildet, das sich auf der Oberfläche ablagert.

Neben den Metallsalzlösungen und dem Reduktionsmittel enthält das Metallisierungsbad einen Komplexbildner und Stabilisatoren. Chemisch betrachtet sind diese Bäder kinetisch gehemmt und thermodynamisch instabil. Das Ziel bei der Nutzung dieser Bäder ist es, die durch den Laser aktivierten Flächen zu metallisieren, ohne dass sich an den nicht laseraktivierten Flächen Kupfer ablagert. Um dies zu erreichen, wird in das Bad feinverteilte Luft eingeblasen, und es werden Stabilisatoren verwendet. Als Startmetallisierung wird Kupfer eingesetzt, worauf folgend Nickel und Gold abgeschieden werden.

Gold lässt sich wegen seiner exzellenten Beständigkeit in der SMT-Fertigung sowie bei der Montage von Silizium-Chips mittels Drahtbonden oder Flip-Chip-Montage gut löten oder verarbeiten. Der Nachteil von Gold ist sein hoher Preis. Außerdem kann, wenn Kupfer als Grundmaterial verwendet wird, eine Beschichtung mit Gold zur langsamen Diffusion der darunterliegenden Kupferatome durch die Goldschicht zur Oberfläche führen. Daher ist eine Sperrschicht aus Nickel zwischen Kupfer und Gold notwendig, um eine derartige Diffusion zu vermeiden und die Funktionalität der

Verbindungsstelle gewährleisten zu können. [63] Die Schichtdicken, die hierbei erreicht werden können, liegen im µm-Bereich. Typische Schichtdicken sind für Kupfer 3–15 µm, für Nickel 3–20 µm und für Gold 0,05–0,15 µm [1][64].

2.3 Passive Intermodulation

PIM-Produkte werden als unerwünschte Störsignale erzeugt, wenn mehr als zwei unterschiedliche, aber nahe beieinanderliegende Signale mit hoher Leistung auf die passiven Komponenten treffen [65]. Bei den herkömmlich als linear angesehenen passiven Komponenten, die keine Steuerungsfunktion oder Verstärkerwirkung besitzen, kann die Übertragung der erwünschten Signale aufgrund der Entstehung von PIM-Produkten gestört werden, weil sie nicht wie bei aktiven Komponenten gefiltert oder abgeschwächt werden können. [66]. Dabei ist der PIM-Pegel systemabhängig. Im Allgemeinen wird ein PIM-Pegel von mehr als -140 dBc als schlecht angesehen, während -150 dBc als gut und - 160 dBc als exzellent gelten [13][67].

2.3.1 Theoretische Darstellung der passiven Intermodulation

PIM-Produkte sind die Folge von Summen- und Differenzprodukten bei Trägerfrequenzen und deren Harmonischen (Bild 6). Die Frequenz der PIM-Produkte (PIM-Frequenz) f_{PIM} kann mit Gleichung (12) beschrieben werden: [14]

$$f_{PIM} = m_1 f_1 + m_2 f_2 + \cdots + m_n f_n \tag{12}$$

Dabei steht f_n für die einzelne Trägerfrequenz des Signals, wobei der Index n die Anzahl von Trägerfrequenzen angibt. m_n entspricht einer Ganzzahl. Somit kann die Ordnung der PIM-Produkte C nach Gleichung (13) ausgedrückt werden [14]:

$$C = \sum_{i=1}^{n} |m_i| \tag{13}$$

Bei der Betrachtung von zwei Trägerfrequenzen f_1 und f_2 kann f_{PIM} in Gleichung (12) durch Gleichung (14) umgewandelt werden [15][68]:

$$f_{PIM} = m_1 f_1 + m_2 f_2 \tag{14}$$

PIM zweiter Ordnung (PIM2) mit den Frequenzen f_1+f_2 und f_1-f_2 sind nicht interessant für die Untersuchung von PIM, weil sie entfernt von den Trägerfrequenzen liegen. Somit können die hieraus resultierenden Störungen vernachlässigt werden. Von großer Bedeutung sind PIM dritter Ordnung (PIM3) mit den Frequenzen $2f_1 - f_2$ und $2f_2 - f_1$, weil sie mit einem höheren Pegel zu nahe am Nutzsignal liegen und nicht durch Filter unterdrückt werden können. Des Weiteren sind die PIM höherer Ordnung (PIM5, PIM7 oder PIM9) schwach, und ihre Einflüsse auf die Nutzsignale müssen nicht berücksichtigt werden. Dennoch können PIM höherer Ordnung bei starken Signalen zu erhöhtem Grundrauschen und erweiterter Bandbreite führen. [69]. Die aus PIM höherer Ordnung resultierenden Probleme treten häufig bei der Satellitenkommunikation und der Kommunikation unter Wasser auf, da HF-Komponenten dort auf begrenztem Bauraum untergebracht sind [70]. PIM3 führen zu den meisten Signalverzerrungen, gefolgt von PIM5 und PIM7. In dieser Arbeit bezieht sich PIM auf PIM3, wenn nichts anderes angegeben ist.

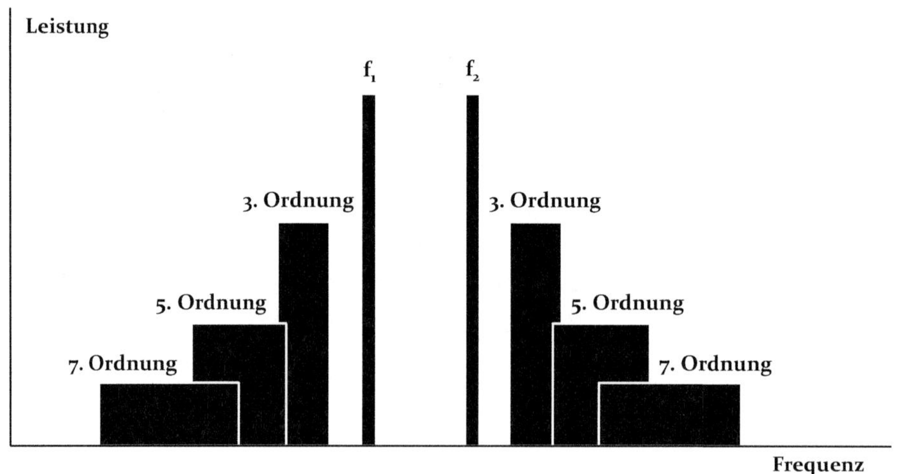

Bild 6: Passive Intermodulationsprodukte bei zwei gleich starken Nutzsignalen

Bild 7 zeigt beispielhaft die Signalübertragung im nichtlinearen Übertragungssystem. Im Fall von zwei unterschiedlichen Frequenzen $f_1 = 799$ MHz und $f_2 = 801$ MHz werden PIM2 in der Summe mit 1600 MHz und in der Differenz mit 2 MHz erzeugt, die fern von den Trägerfrequenzen liegen. PIM3 mit den Frequenzen

$2f_1 - f_2 = 797$ MHz und $2f_2 - f_1 = 803$ MHz und PIM5 mit den Frequenzen $3f_1 - 2f_2 = 795$ MHz und $3f_2 - 2f_1 = 805$ MHz fallen in das gleiche Frequenzband wie die Trägerfrequenzen.

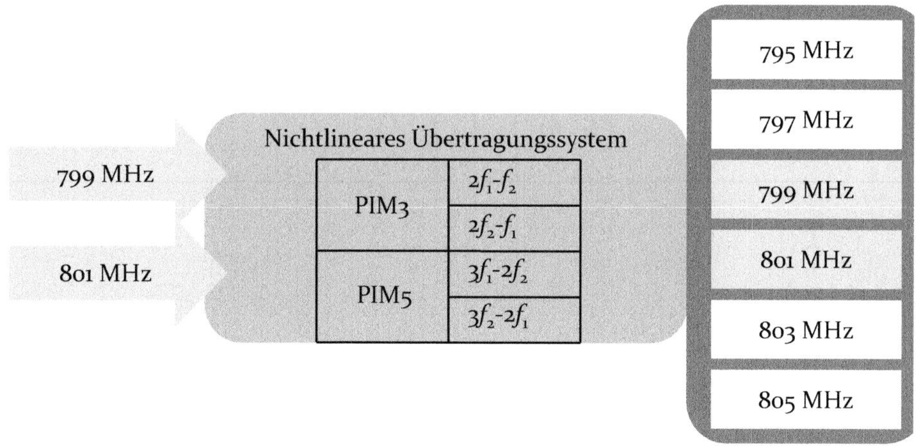

Bild 7: PIM-Produkte bei zwei Trägerfrequenzen f_1 = 799 MHz und f_2 = 801 MHz im nichtlinearen Übertragungssystem

2.3.2 Mechanismen der PIM

Für den zielführenden Entwurf von HF-Komponenten ist ein umfangreiches Verständnis der Mechanismen, die zur Entstehung von PIM führen, von großer Bedeutung. Für die Entstehung von PIM sind vor allem Nichtlinearitäten, sowohl des Kontakts als auch des Materials, verantwortlich. Diese verursachen eine nichtlineare Beziehung zwischen Spannung und Strom. [17, 14, 71] In der Realität sind die Mechanismen jedoch komplex und können nicht voneinander getrennt werden. Die Untersuchungen dieser Mechanismen werden deswegen unter verschiedenen Aspekten durchgeführt.

Nichtlinearitäten des Kontakts

Die Nichtlinearitäten des Kontakts beziehen sich auf den Zustand der Kontaktflächen basierend auf Metal-Insulator-Metal(MIM)-Kontakt und Metal-Metal(MM)-Kontakt. Sie berücksichtigen die Auswirkung der Oberflächenrauheit, der Oxidschicht sowie der Verschmutzungen [71][72].

Derzeit ist bekannt, dass mehrere physikalische Effekte zur Erklärung der Entstehung von PIM herangezogen werden können, beispielweise der Kontaktwiderstand im MM-Kontakt sowie der Tunneleffekt im MIM-Kontakt [68][73–75].

Die Untersuchungen von Nichtlinearitäten des Kontakts bei Entstehung von PIM basieren im Wesentlichen auf der Theorie des elektrischen Kontakts bei Gleichstrom- oder Niederfrequenzanwendungen [15]. Wenn der elektrische Strom zwischen elektrischen Bauelementen über Verbindungsstellen fließt, wird der durch die Berührung zweier Bauteile entstehende Zustand als „elektrischer Kontakt" bezeichnet. Hierbei sind unlösbare (Lötverbindung, Drahtbonden und Nieten), lösbare (Schraub-, Steck- und Klemmverbindung) sowie Schaltkontakte zu unterscheiden, und bei allen Kontakten steht ein geringer Kontaktwiderstand im Vordergrund. [76] Im physikalischen Sinne sind Oberflächen von Festkörpern stets rau. Die Oberflächenrauheit ist die Ursache dafür, dass die gegenseitige metallische Berührung zweier Kontaktstücke auf mikroskopisch kleinen Berührungsflächen erfolgt. Zur Beschreibung des Zustands des elektrischen Kontakts werden die folgenden Begriffe eingeführt (Bild 8): [76]

- Scheinbare Kontaktfläche A_S: Die bei der Berührung betrachtete Fläche auf Kontaktstücken.
- Tragende Kontaktfläche A_T: Die Fläche ist die Summe aller mikroskopisch berührten Flächen, die die äußere Kraft aufnehmen. Die tragende Kontaktfläche A_T ist ein Teil der scheinbaren Kontaktfläche A_S.
- Wirksame Kontaktfläche A_W: Die Fläche, durch die der Strom fließt, und die Summe aller leitfähigen Berührungsflächen. Die wirksame Kontaktfläche A_W besteht aus vielen metallischen Einzelflächen, den sogenannten „*A*-spots".

Der elektrische Strom fließt über „*A*-spots", sodass der Stromlinienverlauf in der wirksamen Kontaktfläche A_W eingeschnürt wird (Bild 9). Daraus resultiert eine erhöhte Stromdichte, wodurch der elektrische Verlust erhöht und die Entstehung von PIM bewirkt wird. [68, 77]

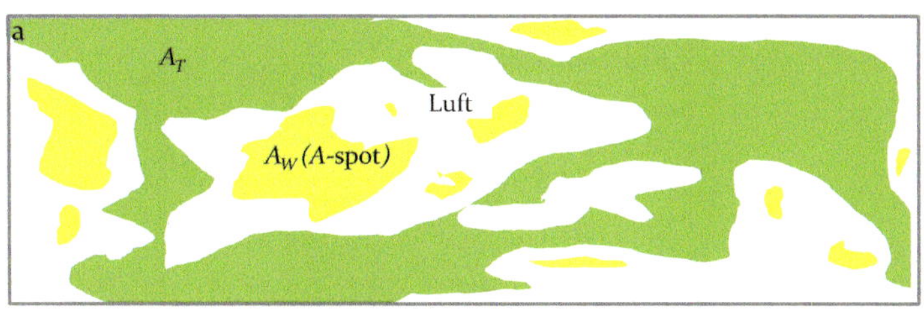

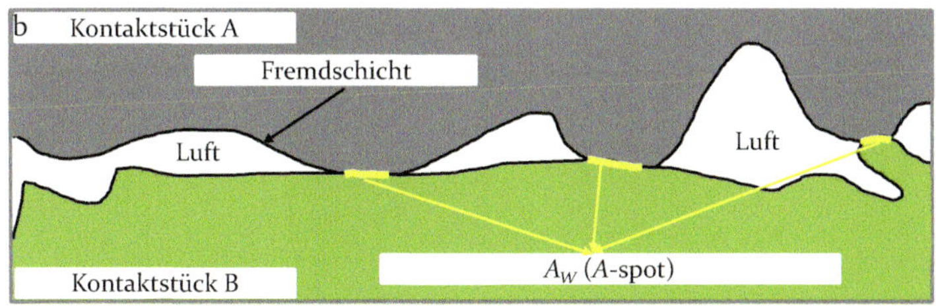

Bild 8: a) Draufsicht auf die Kontaktfläche A_T und A_W; b) Querschnitt durch beide Kontaktstücke getrennt durch Luft und eine Fremdschicht

Zusätzlich zur Oberflächenrauheit können die Fremdschichten, beispielweise Oxidschichten zwischen zwei Flächen, als Trennschicht agieren. Der Filmwiderstand, der sich über den Tunneleffekt beim Fließen des Stroms durch die dünne isolierende Oxidschicht ergibt, weist auf eine nichtlineare Strom-Spannungs-Kennlinie hin, was zur Entstehung von PIM beiträgt. [68]

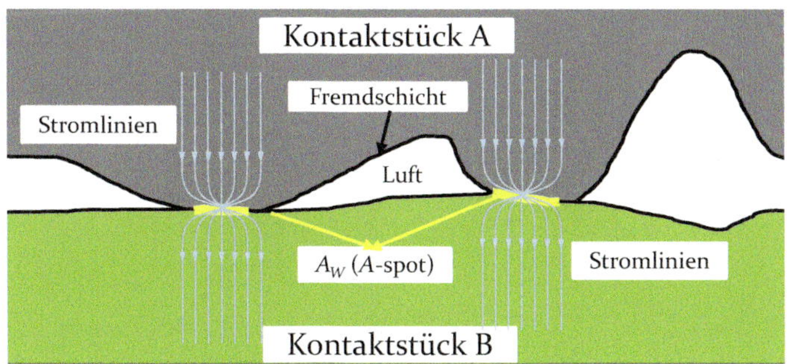

Bild 9: Einschnürung des Stromlinienverlaufs über „A-spots“

Nichtlinearität der Materialien

Eine wichtige Ursache der Nichtlinearität der Materialien besteht in der Hysterese. Dazu gehören ferromagnetische und ferrimagnetische Werkstoffe wie beispielweise Eisen, Nickel, Kobalt und Ferrite [78–

81]. Hingegen wird diamagnetisches Material als Niedrig-PIM-Material bezeichnet. Es besitzt eine unempfindliche Dielektrizitätskonstante und eine hohe Wärmeleitfähigkeit. Zu den diamagnetischen Materialien zählen z. B. Kupfer, Silber und Gold [71].

In [78, 79] wurden die Auswirkungen ferromagnetischer Materialien wie rostfreier Stahl und Nickel auf die PIM untersucht. Es wird festgestellt, dass Bauteile aus ferromagnetischen Werkstoffen, auch wenn sie goldbeschichtet sind, einen wesentlich höheren PIM-Pegel haben als nicht ferromagnetische Werkstoffe. In [80, 81] wurde der Einfluss der Nichtlinearität von Bauteilen aus Ferrit auf die PIM nachgewiesen.

Viele andere Phänomene, beispielweise Elektrostriktion oder das Vorhandensein von Karbon-Fasern, können die Entstehung von PIM verursachen, die in [82–84] ausführlich geschrieben sind.

Elektrothermische Kopplung

Ein weiterer Beitrag zur Entstehung von PIM ist elektrothermische Kopplung, die auf der Temperaturabhängigkeit des elektrischen Widerstands beruht und als der dominante PIM-Mechanismus in Übertragungsleitungen angesehen wird [12].

Bei Leistungselektronik führt die eingespeiste hohe elektrische Leistung immer zu Energieverlust in Form von joulescher Wärme, die sich über die begrenzte elektrische Leitfähigkeit bzw. den elektrischen Widerstand des Metalls ergibt [85]. Die joulesche Wärme hinsichtlich des Leitungsverlusts verursacht einen Temperaturanstieg, woraus ein erhöhter elektrischer Widerstand aufgrund der Temperaturabhängigkeit des elektrischen Widerstands resultiert. Der Vorgang wird als Thermoelektrizität bezeichnet [86, 87]. In HF-Komponenten führt die erzeugte joulesche Wärme zu einem Temperaturanstieg, wodurch sich wiederum der Widerstand verändert. Immer mehr Untersuchungen finden heraus, dass die aus der elektrothermischen Kopplung resultierende Nichtlinearität ein wichtiger PIM-Mechanismus in Leitungen ist [88, 89].

In [12, 90, 3, 91, 92] wurde die elektrothermische Nichtlinearität in Mikrostreifenleitungen detailliert untersucht. Der spezifische

Widerstand ρ des Metalls kann als Funktion der Temperatur in Gleichung (15) formuliert werden [93, 86]:

$$\rho(T) = \rho(T_0)[1 + \alpha_T \, \Delta T] \tag{15}$$

Dabei ist α_T der Temperaturkoeffizient, ΔT die Temperaturdifferenz und T_0 die Umgebungstemperatur. Die Temperaturabhängigkeit des elektrischen Widerstands R wird mithilfe der Bloch-Grüneisen-Gleichung durch lineare Approximation nach Gleichung (16) beschrieben [94, 95]:

$$R(T) = R(T_0)[1 + \alpha_T \, \Delta T] \tag{16}$$

Dabei steht $R(T_0)$ für den Referenzwiderstand bei Umgebungstemperatur T_0. Die erzeugte joulesche Wärme pro Einheitsvolumen q kann mittels des ersten Jouleschen Gesetzes in Gleichung (17) berechnet werden:

$$q = J^2 \rho(T) \tag{17}$$

Dabei ist J die Stromdichte. Analog zu Gleichung (17) kann die Verlustleistung P_L mit Gleichung (18) beschrieben werden:

$$P_L = \Delta V I_S = {I_S}^2 R(T) \tag{18}$$

Dabei ist ΔV der Spannungsabfall und I_S die Stromstärke. Für ein erwärmtes metallisches Volumen V treibt die Verlustleistung $P_L = qV$ die Wärmeleitungsgleichung (19) an [90, 8]:

$$\nabla \cdot \left[\frac{\nabla T}{R_{th}}\right] - \rho_d c_p \frac{\partial T}{\partial t} = q \tag{19}$$

Dabei ist c_p die spezifische Wärmekapazität, ρ_d die Materialdichte und R_{th} der thermische Widerstand, der unter stationären Bedingungen durch Gleichung (20) formuliert wird:

$$R_{th} = \frac{\Delta T}{P_L} = \frac{\Delta T}{{I_S}^2 R} \tag{20}$$

Gleichung (20) ist einerseits für das Temperaturmanagement von größter Bedeutung und trägt andererseits zur Nichtlinearität der maßgeblichen Wärmeübertragungsgleichung (19) bei. Die Wärmekapazität C_v beschreibt die Fähigkeit eines Materials zum Speichern von Wärme durch Erhöhen der Temperatur und Erhöhen der Wärmeleitgeschwindigkeit über Gleichung (21),

$$C_v = \frac{\partial Q}{\partial T} = T\left(\frac{\partial S}{\partial T}\right) = \rho_d c_p V \tag{21}$$

Hier ist S die Entropie des Systems. Durch Einsetzen von Gleichung (17), (20) und (21) in Wärmeleitungsgleichung (19) ergibt sich die folgende Gleichung (22):

$$\nabla \cdot \left[\frac{\nabla T}{R_{th}}\right] - C_v \frac{\partial T}{\partial t} = J^2 \rho(T_0)[1 + \alpha_T \Delta T] \tag{22}$$

Gleichung (22) beschreibt den nichtlinearen elektrothermischen Effekt in HF-Komponenten [90], wodurch das Fouriersche Gesetz und das Ohmsche Gesetz miteinander in Verbindung kommen (Bild 10) [96, 97].

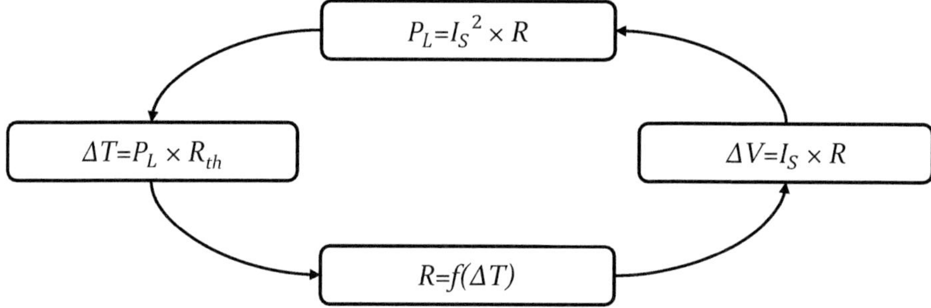

Bild 10: Elektrothermische Kopplung

Wenn ein Signal durch die passiven HF-Komponenten fließt, bewirkt die elektrothermische Kopplung einen Widerstand mit einem vernachlässigbaren Bestandteil von dynamischen Änderungen. Die Wärmekapazität der HF-Komponente kann nicht schnell auf das Hochfrequenzsignal reagieren, um darauf eine periodische thermische Wirkung auszuüben. Wenn zwei oder mehrere nahe beieinanderliegende Signale durch die HF-Komponenten gesendet werden, ist der Einfluss von dynamischen Änderungen auf den Widerstand signifikant, und die Änderung muss berücksichtigt werden. Die Signale können eine zeitlich variierende

Signalhüllkurve verursachen, deren Momentanleistung sich periodisch mit der Schwebungsfrequenz unter Einbeziehung der Summen- und Differenzprodukte der einzelnen Trägerfrequenzen verändert. Dadurch entsteht eine periodische Erwärmung der HF-Komponenten, die wiederum einen zeitlich veränderlichen Widerstand bei der Schwebungsfrequenz verursacht (Bild 11). Dieser Anteil des Widerstands trägt zur Erzeugung von PIM bei. [12]

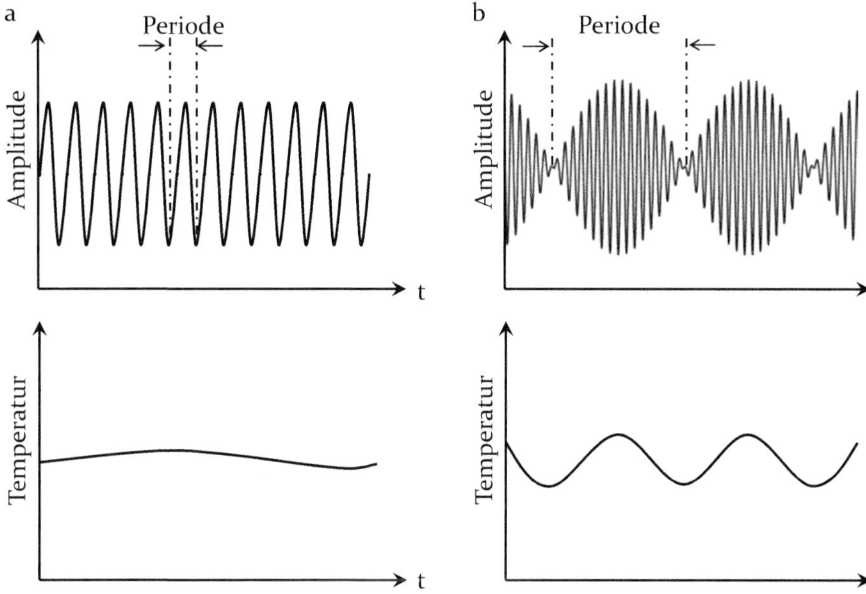

Bild 11: Temperaturänderung a) bei der Frequenz eines Signals und b) bei der Schwebungsfrequenz zweier Signale

Skin-Effekt

Ein weiteres physikalisches Phänomen, das sich in Bezug auf elektrische Verluste negativ auf HF-Komponenten auswirkt, ist der sogenannte Skin-Effekt. Dieser beschreibt das Phänomen, dass der Strom bei steigender Frequenz zunehmend an den Rand der Leitung verdrängt wird, bis dieser schließlich nur noch an der Oberfläche leitend ist (Bild 12) [98, 99]. Die Stromdichte J nimmt nach Gleichung (23) exponentiell mit dem Abstand z vom Rand der Leitung nach innen ab:

$$J = J_R e^{-\frac{z}{\delta}} \tag{23}$$

Dabei ist J_R die Stromdichte am Rand der Leitung und δ die Skintiefe, die bei den meisten Metallen mit der Gleichung (24) ausgedrückt werden kann [100]:

$$\delta = \sqrt{\frac{2}{\omega\sigma\mu}} \tag{24}$$

Dabei ist σ die elektrische Leifähigkeit, ω die Kreisfrequenz und μ die absolute Permeabilität. Eine höhere Frequenz führt zu einer geringeren Skintiefe und kommt somit auf die höhere Stromdichte in einem begrenzten Bereich, die weiterhin einen größeren Leitungsverlust in Form von Wärme verursacht. Folglich ist die Erzeugung von mehreren PIM zu erwarten.

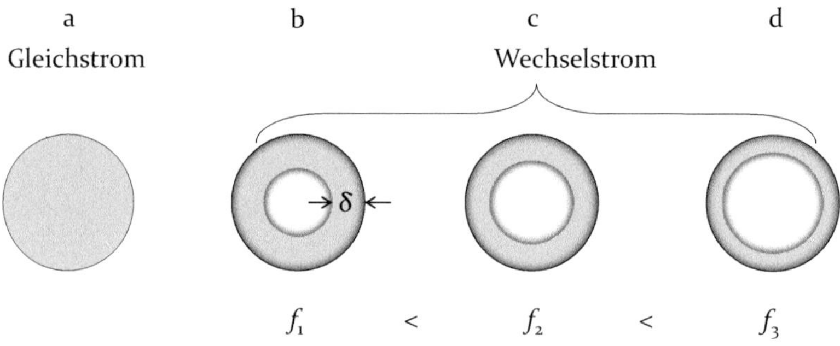

Bild 12: Die Querschnittsflächen von vier Rundleitung, a) im Fall von Gleichstrom b), c) und d) in Fällen von Wechselstrom mit abnehmender Frequenz

2.4 Anforderungen an MID-Bauteile für die Verbesserung von PIM

Als zu untersuchendes MID-Bauteil wird in dieser Arbeit eine Mikrostreifenleitung ausgewählt. Bei einer Mikrostreifenleitung handelt es sich um eine planare Quasi-TEM-Leitung mit inhomogenem Dielektrikum, die in Bereichen von Digital-, HF- und Mikrowellenschaltungen am weitesten verbreitet ist [101]. Traditionell lässt sich eine Mikrostreifenleitung photolithographisch auf einer Leiterplatte fertigen, die in sowohl passive als auch aktive HF-Komponenten integriert werden kann [2].

Mikrostreifenleitungen bestehen aus einem dielektrischen Substrat, einer elektrisch leitfähigen Leitung als Signalweg auf der Oberseite des Substrats und einer durchgängig metallisierten Massefläche als Grundplatte an der Unterseite des Substrats (Bild 13) [2, 99]. Die elektrischen Feldlinien beginnen an der Leitung und enden in der Massefläche. Dadurch befindet sich das elektrische Feld *E* fast vollständig in der Querschnittsebene der Mikrostreifenleitung, und gleichzeitig verläuft das magnetische Feld *H* entlang der Ausbreitungsrichtung. [2]

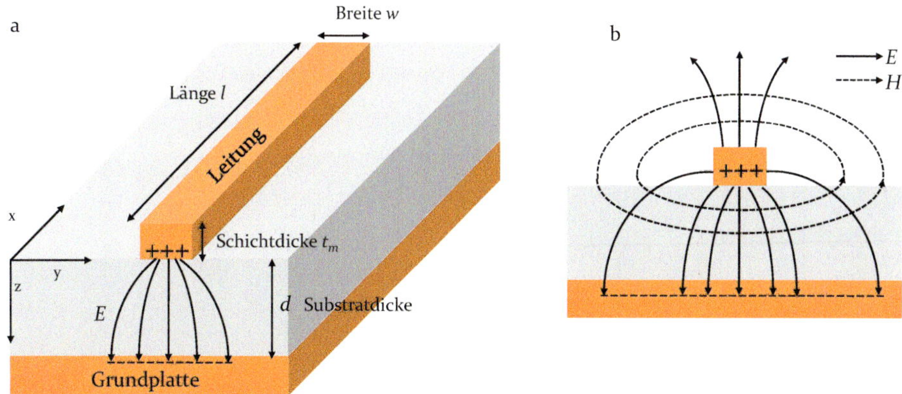

Bild 13: a) Aufbau der Mikrostreifenleitung mit Länge der Leitung l, Breite der Leitung w, Schichtdicke der Leitung t_m und Substratdicke d; b) Verteilung des elektrischen Feldes *E* und des magnetischen Feldes *H* in einer Mikrostreifenleitung

Der Strom fließt sowohl in der oberen leitfähigen Leitung als auch in der unteren Massefläche in entgegengesetzten Richtungen. Bei hohen Frequenzen tendiert der Strom aufgrund des Skin-Effekts dazu, im Außenquerschnitt der Leitung insbesondere an der Fläche zwischen Leitung und Substrat und der Unterkante der Leitung zu fließen. Als Folge daraus konzentriert sich die Stromdichte in der Massefläche unter der Leitung, wodurch der elektrische Verlust erhöht wird. [2, 99]

Analog zur Mikrostreifenleitung auf Leiterplatte, kann PIM hauptsächlich durch die Nichtlinearität an der elektrischen leitenden Struktur entstehen. Die Qualität und Abmessungen der Mikrostreifenleitung sowie die Eigenschaften der Materialien sind für das Vermindern von PIM entscheidend. [12]

Die Oberflächenrauheit ist für das Kontrollieren von PIM von großer Bedeutung [88]. Eine raue Metalloberfläche insbesondere an der Grenzfläche zum Substratmaterial, kann zur Verlängerung des Ausbreitungswegs von Signalen und zur Erhöhung des Widerstands von Leitungen führen. Somit kommt es zu einem höheren Leistungsverlust, der die Entstehung von PIM zur Folge haben kann [102]. Außerdem verstärkt der Skin-Effekt die Abhängigkeit der PIM von der Oberflächenrauheit. Mit zunehmender Frequenz begrenzt sich die Stromdichte in einer bestimmten Tiefe unterhalb der Leitungsoberfläche. Das Profil der übermäßig rauen Oberflächen verändert den Stromfluss, sodass der Widerstand der Leitung signifikant sich erhöht. Die außenstromlos chemisch metallisierte Kupferschicht hat gegenüber der Kupferfolie auf der Leiterplatte häufig höhere Oberflächenrauheiten und Rautiefen [69], die von der Oberflächenrauheit der Ablationszone abhängig sind. Jedoch ist eine mikroraue untere Oberfläche einer Kupferschicht bzw. eine mikroraue laserstrukturierte Substratoberfläche notwendig, damit sich die Haftfestigkeit durch eine mechanische Verzahnung von Kupferschicht und Substrat generieren kann.

Eine Einhaltung der vorgegebenen Abmessungen der Leitung hinsichtlich der Kupferschicht und Nickelschicht ist überaus wichtig. Einerseits bestimmen die Abmessungen der Leitung hinsichtlich der Breite und Schichtdicke die charakteristische Impedanz Z_c. Bei den meisten Kommunikationssystemen ist eine Impedanz Z_c von 50 Ω und im Bereich des Kabelfernsehens von 75 Ω gefordert. Eine Fehlanpassung der Impedanz kann zu Leistungsverlust führen, wodurch die Entstehung von PIM verursacht wird. [12, 103] Außerdem kann sich eine dickere Kupferschicht als Kühlkörper verhalten, was die Wärmeleitung erleichtert [88]. Folglich ist ein niedriger PIM-Pegel zu erwarten. Andererseits hat die Nickelschicht einen Einfluss auf die PIM. Bei erhöhten Frequenzen kann das elektromagnetische Feld in die Nickelschicht eindringen. In diesem Fall beeinflusst die Nickelschicht die elektrische Leitfähigkeit des Metallsystems. Im Vergleich zu Kupfer hat Nickel eine sehr viel geringere Leitfähigkeit (σ_{cu} = 58 MS/m, σ_{Ni} = 1,8 MS/m [104]), was zu einer Verschlechterung der Leitfähigkeit des Cu/Ni/Au-Systems und der Generierung von PIM aufgrund des Leitungsverlusts beitragen kann [13]. Zusätzlich gehört Nickel zu den ferromagnetischen Materialien, die PIM aufgrund von Magnetfeldwechselwirkungen verursachen können.

Auch die infolge chemischer Metallisierung entstehenden mikroskopischen Störstellen wie Fremdteilchen, Poren und Mikrolücken im deponierten Cu/Ni/Au-Metallsystem wirken sich deutlich auf die PIM aus. Diese Störstellen können den Stromfluss in der Metallschicht neben den rauen Oberflächen weiter verändern, woraus PIM resultieren kann. Für das dünne Cu/Ni/Au-Schichtsystem, das normalerweise nur Dutzende Mikrometer beträgt, kann der temperaturunabhängige spezifische Widerstandsanteil wesentlich durch mikroskopische Störstellen beeinflusst werden, was zu einer Verschlechterung von PIM beiträgt.

Zusammenfassend lässt sich feststellen, dass die Faktoren, die PIM von MID-Bauteilen beeinflussen, vielfältig sind. Als entscheidende Schlüsselfaktoren sind die Oberflächenrauheit, die Abmessungen und die mikroskopischen Strukturen des Cu/Ni/Au-Metallsystems hervorzuheben.

2.5 Problemstellung und Motivation

Der Einsatz des LDS®-Verfahrens bietet in Bezug auf Mikrostreifenleitungen enormes Potenzial für die Herstellung von HF-Komponenten, was in diversen Forschungsarbeiten adressiert wird [103, 25, 29, 105, 106]. Jedoch besteht die besondere Herausforderung darin, dass die im LDS®-Verfahren gefertigten Mikrostreifenleitungen als MID-Bauteile den immer anspruchsvolleren Leistungsanforderungen gerecht werden müssen, wobei PIM als eine solche Leistungsanforderung immer mehr in den Vordergrund rückt.

Die hohe Anzahl an Laserprozessparametern stellt in Bezug auf die Laserstrukturierung eine Komplexität für das LDS®-Verfahren dar. Die Laserprozessparameter entscheiden interdependent die Fluenz, die sich direkt auf die Ablation auswirkt. Weil die gesamte Ablationszone bei der stromlosen chemischen Metallisierung beschichtet wird, korrelieren hierbei die Qualitätsmerkmale der Metallschicht mit der Oberflächenqualität der Ablationszone, vor allem der Oberflächenrauheit der Ablationszone nach der Laserstrukturierung (Bild 14). [103, 62]

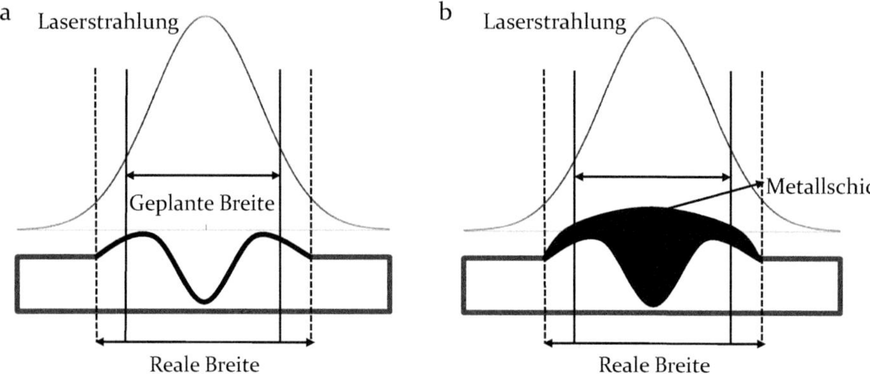

Bild 14: Ablationszone a) nach Strukturierung und b) nach Metallisierung

Aus den Erkenntnissen der Anforderungen an Mikrostreifenleitungen in Bezug auf PIM in Kapitel 2.3 ergibt sich zusammen mit der Grundlage der Laserstrukturierung in Kapitel 2.2 die Schlussfolgerung, dass die entscheidenden Schlüsselfaktoren, die PIM in Mikrostreifenleitungen beeinflussen, als prozessrelevante Qualitätsmerkmale der Metallschicht angesehen werden können.

Alle genannten Qualitätsmerkmale, die sich auf die PIM auswirken, werden von Ablation beeinflusst. Deswegen ist eine präzise Ablation erforderlich, um die gewünschte Oberflächenqualität der Ablationszone gewährleisten zu können und somit die Qualität und Abmessungen der Metallschicht garantieren zu können. Eine umfassende Untersuchung, wie sich das LDS®-Verfahren hinsichtlich Laserstrukturierung und die damit verbundene Ablation auf die PIM auswirkt, ist entscheidend für ein grundlegendes Verständnis der Entstehung von PIM und für die zukünftige Verbesserung von PIM bei MID-Bauteilen. Solche Herausforderungen werden ausreichend in dieser Arbeit erforscht (Bild 15).

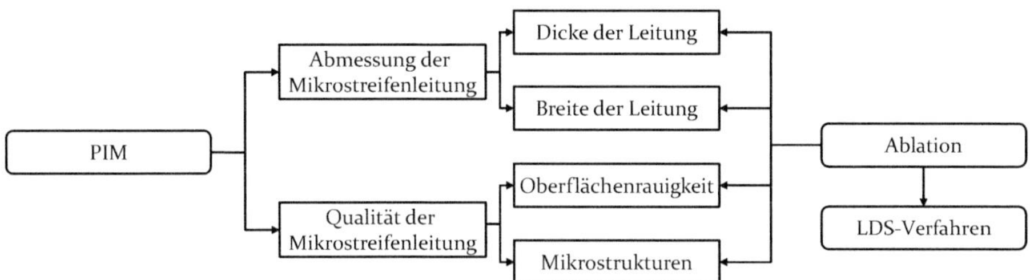

Bild 15: Ableitung des Zusammenhangs zwischen PIM und LDS®-Verfahren

2.6 Forschungsbedarfe und Lösungsweg

Das übergeordnete Ziel dieser Arbeit besteht darin, die Einsetzbarkeit des LDS®-Verfahrens für die Verbesserung der PIM im Kommunikationssystem zu evaluieren. Um dieses Ziel zu erreichen, wird der Zusammenhang zwischen dem LDS®-Verfahren und der PIM ausgewertet. Hieraus leiten sich zwei Forschungsbedarfe ab. Zum einen ist die wissenschaftliche Untersuchung der Laserstrukturierung notwendig, um das Wirkungsprinzip des Verfahrens und die Ablationsqualität ableiten und verstehen zu können. Zum anderen müssen die Einflüsse der Fluenz, der Laserprozessparameter und der Qualitätsmerkmale auf die PIM analysiert werden, um die Auswirkung des LDS®-Verfahrens auf die PIM zu identifizieren und PIM zukünftig zu kontrollieren und zu vermindern. Der Lösungsweg und die ausführliche Beschreibung folgen nachstehend.

Die Ermittlung des vorherrschenden Wirkungsprinzips erfolgt anhand von Bestimmungen der Ablationsschwelle. Für einen einzelnen Laserpuls werden die Bestimmungen mit zwei verschiedenen Methoden vergleichend evaluiert: theoretische Ableitung und experimentelle Zero-Damage-Methode. Hierbei werden alle relevanten Parameter im Kontext der Laserstrukturierung berücksichtigt, vor allem die physikalischen, thermischen, optischen und mechanischen Eigenschaften des Materials, die Laserstrahlparameter wie Wellenlänge und Strahlradius und die Laserprozessparameter wie Leistung, Laserpulsfrequenz und Bewegungsgeschwindigkeit laut Gleichung (10). Zusätzlich wird ein neuer Ansatz zur indirekten Untersuchung der optimalen Fluenz zur Erzielung von Effizienz für multiple Laserpulse unter Berücksichtigung des Inkubationseffekts entwickelt. Dieser neue Ansatz basiert auf der Änderung der Oberflächenrauheit oder der Schichtdicke in Abhängigkeit der Fluenz. Darüber hinaus wird eine thermische Simulation eingesetzt, um das theoretisch abgeleitete Wechselwirkungsverhalten des Lasers und des Materials zu ergänzen. Hierzu wird die mittels Laserenergie induzierte Temperaturverteilung in Abhängigkeit von der Zeit und der Eindringtiefe simuliert.

Zur Identifizierung der Auswirkungen des LDS®-Verfahrens auf die PIM werden statistische Korrelationsanalysen aus Parameterstudien durchgeführt. Als MID-Bauteil werden die Mikrostreifenleitungen mit dem LDS®-Verfahren anhand von statistischer Versuchsplanung (DOE, engl. *Design of Experiments*) durch Variation der verschiedenen Laserprozessparameter hergestellt, und die Qualitätsmerkmale sowie der PIM-Pegel werden gemessen. Der Einsatz von Versuchsplanung ermöglicht eine systematische und strukturierte Parameterstudie in kürzester Zeit, aber mit minimalen Kosten. Zunächst werden die gesammelten Daten anhand von multipler Regression und künstlichen neuronalen Netzen (KNN) analysiert, um voraussichtliche Zielgrößen mittels angegebener Einflussgrößen abzufragen und aussagekräftige Ergebnisse zu erzielen. Der Einfluss der Fluenz auf den PIM-Pegel, der Einfluss von Laserprozessparametern auf die untersuchten Qualitätsmerkmale und den PIM-Pegel sowie der Einfluss der untersuchten Qualitätsmerkmale auf den PIM-Pegel werden ermittelt. Ferner werden die optimalen Parameterkombinationen identifiziert, die die gewünschten Qualitätsanforderungen erfüllen können. Ergänzend wird die analytische Modellierung des Mechanismus von PIM anhand des elekrothermischen Effekts entwickelt, um eine Vorhersage des PIM-Pegels einer gefertigten Mikrostreifenleitung treffen zu können. Bild 16 zeigt eine Übersicht der Zusammenfassung des Lösungsansatzes.

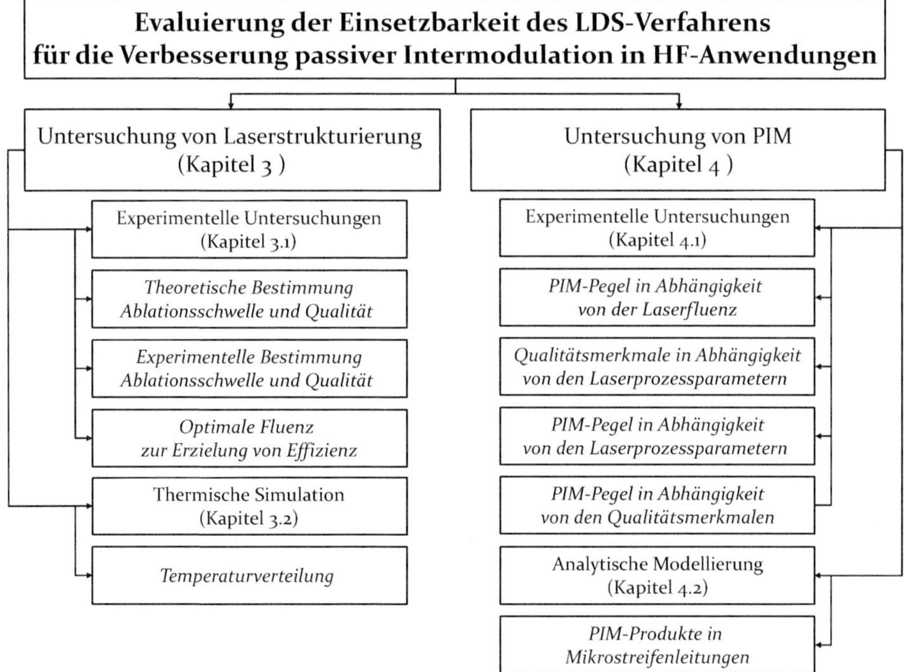

Bild 16: Übersicht des Lösungsansatzes

3 Grundlagen und Methoden zur Untersuchung der Laserstrukturierung

In diesem Kapitel werden die theoretischen Grundlagen und entwickelten Methoden zur Untersuchung der Laserstrukturierung beschrieben. Zunächst werden in Kapitel 3.1 die verwendeten Materialien und die Laseranlage vorgestellt, die für experimentelle Untersuchungen der Laserstrukturierung notwendig sind. Hierbei wird in den Kapiteln 3.1.1 und 3.1.2 die theoretische und experimentelle Bestimmung der Ablationsschwelle und Ablationsqualität an der Ablationsschwelle dargelegt. In Kapitel 3.1.3 wird der Ansatz zur Abstimmung der optimalen Fluenz zur Erzielung von Abtragseffizienz dargestellt. Die thermische Simulation zur Berechnung der Temperaturverteilung wird in Kapitel 3.2 erarbeitet.

3.1 Experimentelle Untersuchungen der Laserstrukturierung

In dieser Arbeit wird LCP®Vetra E840i, dessen relevante physikalische, mechanische, optische und thermische Eigenschaften in Tabelle 1 aufgeführt sind [107, 108], als Substratmaterial für alle Untersuchungen verwendet.

Tabelle 1. Die Eigenschaften von LCP®Vetra E840i

Eigenschaften des Materials		
physikalisch	Dichte ρ_d [kg/m³]	1810
mechanisch	Elastizitätsmodul E_m [MPa]	9300
optisch	Absorptionskoeffizient α_l [1/cm]	800
thermisch	Wärmekapazität C_p [J/(kg·K)]	1649
	Wärmeleitfähigkeit k [W/(m·K)]	0,3
	Dekompositionstemperatur T_{cr} [K]	335

Als Werkzeug wird der Nanosekundenlaser von LPKF (LPKF, LPKF fusion3D 1100) eingesetzt. Die Eigenschaften des Lasers hinsichtlich der Laserstrahlparameter und Laserprozessparameter sind in Tabelle 2 und Tabelle 3 dargestellt.

Tabelle 2: Laserstrahlparameter des Nanosekundenlasers von LPKF

Laserstrahlparameter	
Wellenlänge λ [nm]	1064
Strahlradius des Laserstrahls w_0 [µm]	40
Pulsdauer τ_p [ns]	23,7

Tabelle 3: Laserprozessparameter des Nanosekundenlasers von LPKF

Laserprozessparameter	
Leistung P [W]	1 – 20
Bewegungsgeschwindigkeit v [mm/s]	20 – 4000
Pulswiederholfrequenz f [kHz]	10 – 200

Neben den in Tabelle 2 und Tabelle 3 aufgeführten Parametern sind noch folgende Parameter bei der Laserstrukturierung entscheidend:

- Spitzenfluenz F_0

Durch Variierung der einstellbaren Laserprozessparameter kann die eingesetzte Spitzenfluenz F_0 für einen einzelnen Laserpuls in Bezug auf die Leistung P und Pulswiederholfrequenz f über Gleichung (25) festgelegt werden, die aus Gleichungen (6), (8) und (9) in Kapitel 2.2.2 hergeleitet werden kann:

$$F_0 = \frac{2P}{f\pi {w_0}^2} \tag{25}$$

Aufgrund von Multipulsbearbeitung führt die Bewegung der Laserstrahlung mit einer gaußschen Energiedichteverteilung bei der Laserstrukturierung entlang der x-Richtung ($y = 0$) zu einer akkumulierten Fluenz $F_a(x,i)$, die sich anhand Gleichung (26) über die Variierung von Laserprozessparametern hinsichtlich Leistung P, Pulswiederholfrequenz f und Bewegungsgeschwindigkeit v zwischen 0,2 J/cm² und 1,4 J/cm² ändert [46]:

$$F_a(x,i) = \sum_{i=0}^{N} \frac{2P}{f\pi {w_0}^2} exp\left(-2\left(\frac{\left(x+\frac{v}{f}i\right)^2}{{w_0}^2}\right)\right) \qquad (26)$$

- Pulsüberlappung O

Zwei zeitlich aufeinanderfolgende Laserpulse verursachen einen örtlichen Abstand Δx in Bewegungsrichtung der Laserstrahlung über Gleichung (27), die abhängig von der Pulswiederholfrequenz f und der Bewegungsgeschwindigkeit v ist:

$$\Delta x = \frac{v}{f} \qquad (27)$$

Mit dem Abstand Δx und dem Strahldurchmesser $2w_o$ kann die Überlappung O zwischen zwei Pulsen über Gleichung (28) dargestellt werden:

$$O = 1 - \frac{\Delta x}{2w_o} 100\% \qquad (28)$$

- Hatching H

Analog zur Pulsüberlappung beschreibt das Hatching H die Überlappung zweier Laserspuren, die in Prozent angegeben wird.

Bild 17 zeigt eine schematische Darstellung der beweglichen Laserstrahlung mit beispielsweise v = 2 m/s und f = 120 kHz. Damit werden ein Abstand Δx = 16,67 µm und eine Überlappung O = 16,67 µm erreicht.

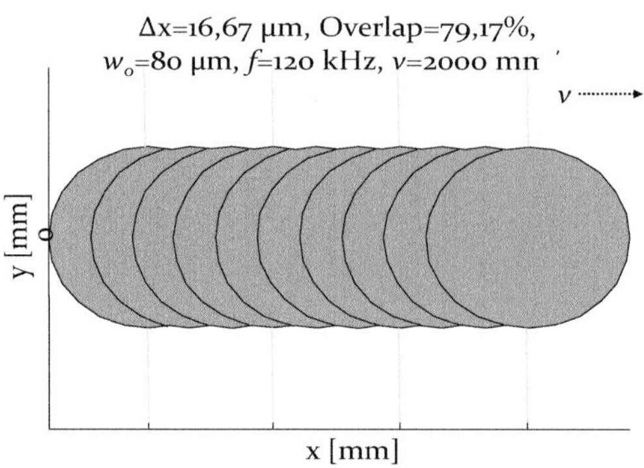

Bild 17: Schematische Darstellung der beweglichen Laserstrahlung mit Pulsüberlappung

3.1.1 Theoretische Bestimmung von Ablationsschwelle und Ablationsqualität

Die theoretische Berechnung der Ablationsschwelle für einen einzelnen Laserpuls und die Ableitung der Ablationsqualität an der Ablationsschwelle sind abhängig von den Materialeigenschaften und den Laserstrahlparametern. Die Ablationsschwelle F_{th}unterscheidet sich von der photochemischen Ablation $F_{th,ch}$ und der photothermischen Ablation $F_{th,th}$ und lässt sich anhand der Gleichungen (29) oder (30) bestimmen: [109, 110]

$$F_{th,ch} = \frac{C_p \rho_d T_{cr}}{\alpha_l (1 - R)} \tag{29}$$

$$F_{th,th} = \left(\alpha_l{}^{-1} + 2\sqrt{kt'}\right) \frac{C_p \rho_d T_{cr}}{A} \tag{30}$$

Dabei steht T_{cr} für die kritische Temperatur, bei der das Polymer zersetzt wird. t' ist definiert als die Ablationszeit, die durch Gleichung (31) formuliert werden kann:

$$t' = \tau_p - t_d \tag{31}$$

Dabei ist t_d die Degradationszeit, während der das Polymer zersetzt wird. Sie ist abhängig von der Temperaturleitfähigkeit D_T. Mit $D_T = \frac{k}{C_p \rho_d}$ kann t_d durch Gleichung (32) berechnet werden:

$$t_d = \frac{\pi}{4D_T} (\frac{k(T_{cr} - T_0)}{IA})^2 \qquad (32)$$

Dabei steht T_0 für die Raumtemperatur und I für die Laserintensität.

Es wird zunächst die photochemische Ablation betrachtet. In diesem Fall wird die Bindungsenergie der Baugruppen von LCP®Vetra mit der Photonenenergie der Laserstrahlung verglichen. Für eine angegebene Laserstrahlung mit bestimmter Wellenlänge kann die Photonenenergie E_{ph} durch Gleichung (33) berechnet werden [51]:

$$E_{ph} = \frac{hc}{\lambda} \qquad (33)$$

Dabei ist h das Plancksche Wirkungsquantum von $6{,}62 \cdot 10^{-34}$ J·s, c die Lichtgeschwindigkeit von $2{,}99 \cdot 10^8$ m/s und λ die Wellenlänge. Wenn die Bindungsenergie der Baugruppen von LCP®Vetra kleiner als die Photonenenergie ist, ordnet sich die Laserablation der photochemischen Ablation zu. Andernfalls ist eine photochemische Ablation ausgeschlossen, und die photothermische Ablation wird berücksichtigt.

Weiterhin gilt es nachzuweisen, dass sich die Ablationsqualität aus der Charakterisierung des thermischen Einschlusses und des Spannungseinschlusses prognostizieren lässt. Hierfür lassen sich die Diffusionszeit der Wärme τ_d und die Ausbreitungszeit der Spannungswelle τ_s im Material theoretisch berechnen, die abschließend mit der Pulsdauer τ_p verglichen werden. Eine präzise Ablation mit garantierter Abmessung der Ablationszone kann nur erfolgen, wenn die Voraussetzungen von thermischem Einschluss und Spannungseinschluss erfüllt werden, nämlich, dass die Diffusionszeit τ_d und die Ausbreitungszeit τ_s länger als die Pulsdauer τ_p sind. In diesem Fall werden die erzeugte Wärme und die dadurch induzierte Spannung unter dem effektiven bestrahlten Volumen eingesperrt und beim Abtrag des Materials während der Pulsdauer τ_p abgebaut.

Die Diffusionszeit τ_d kann mit Gleichung (34) ermittelt werden [111, 112]:

$$\tau_d = \frac{1}{4D_T{\alpha_l}^2} \tag{34}$$

Die Ausbreitungszeit τ_s kann mit Gleichung (35) bestimmt werden, wobei v_a die Schallgeschwindigkeit im Medium ist und mit $v_a = \sqrt{\frac{E_m}{\rho_d}}$ beschrieben werden kann [111, 50]:

$$\tau_s = \frac{1}{\alpha_l v_a} \tag{35}$$

Wenn τ_p länger als τ_d ist, koppelt sich ein Teil der Energie ins umliegende Material außerhalb des effektiven bestrahlten Volumens. Da dieser Anteil an Energie nicht zur Ablation beiträgt, bildet sich ein entlang der Diffusionsrichtung orientierter Temperaturgradient zur Veränderung und Modifikation des Materials. Wenn τ_p länger als τ_s ist, tritt ein Teil der induzierten Spannung aus dem effektiven bestrahlten Volumen aus und wird vom umgebenden Material absorbiert. Somit wird die Veränderung des umgebenden Materials in Form von Volumenausdehnung verursacht. [50, 62]

Die Vorgehensweise für die Ableitung der Ablationsqualität ist in Bild 18 zusammengefasst.

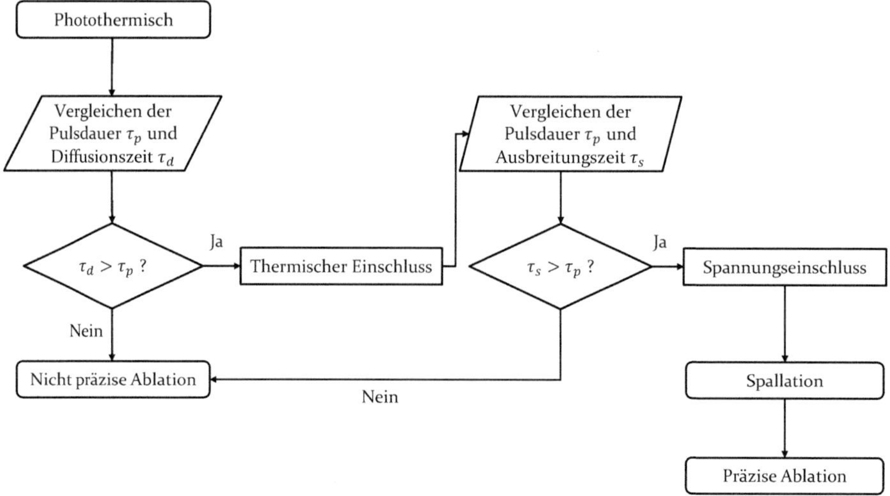

Bild 18: Vorgehensweise für die Ableitung der Ablationsqualität

3.1.2 Experimentelle Charakterisierung von Ablationsschwelle und Ablationsqualität

Die Zero-Damage-Methode wird häufig für die experimentelle, punktuelle Abstimmung der Ablationsschwelle F_{th} für einzelne Laserpulse verwendet [47]. Aus der Annahme ergibt sich, dass der fluenzabhängige maximale Ablationsdurchmesser D sich ab Überschreitung der Ablationsschwelle F_{th} mit Gleichung (36) errechnet [47]:

$$D = \sqrt{2{w_0}^2 \ln\left(\frac{F_0}{F_{th}}\right)} \tag{36}$$

Zunächst wird der Ablationsdurchmesser D nach der Laserstrukturierung mit variierter Spitzenfluenz F_0 bestimmt. Anschließend wird der quadrierte Durchmesser als logarithmische Funktion mit der Spitzenfluenz gleichgesetzt. Die Ablationsschwelle F_{th} kann aus der linearen Regression (36) extrapoliert werden ($D \rightarrow 0$).

Bild 19 zeigt die schematische Darstellung des Zusammenhangs zwischen der Ablationsschwelle F_{th} und der dadurch gebildeten Ablationszone. Hierzu entspricht der Ablationsdurchmesser D der Breite der sichtbaren irreversiblen Beschädigung des Materials. Ferner kann aus der Analyse der aufgenommenen Ablationszone die Ablationsqualität beurteilt werden. Eine örtlich unpräzise Ablation ist dadurch gekennzeichnet, dass die erkennbare Gratbildung bei Fluenzen knapp oberhalb der Ablationsschwelle F_{th} aufgrund des erzeugten Temperaturgradienten und der induzierten Volumenausdehnung (Kapitel 3.1.1) entstehen. Die Fluenzen oberhalb der Abtragschwelle F_{th} bis zur Fluenz F_0 werden zur Entfernung des Materials verwendet, wodurch es zur Kraterbildung kommt. Allerdings wird der Anteil der Energie bei einer Fluenz unterhalb der Ablationsschwelle F_{th} nicht im Ablationsvorgang umgesetzt, sondern verbleibt als Wärme im Material.

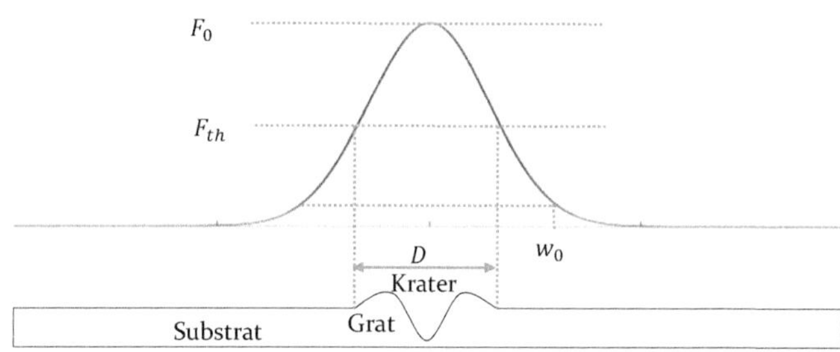

Bild 19: Schematische Darstellung des Zusammenhangs zwischen Ablationsschwelle und Ablationszone auf dem Substrat

3.1.3 Experimentelle Abstimmung der optimalen Fluenz zur Erzielung von Effizienz bei der Ablation

Für den Ablationsvorgang mit multiplen Laserpulsen führt die nicht im Ablationsvorgang umgesetzte Laserenergie bei den Fluenzen unterhalb der Ablationsschwelle F_{th} zu Wärmeakkumulation durch aufeinanderfolgende Laserpulse, die sich auf die Qualität und Produktivität beim Ablationsvorgang auswirkt [113]. Um die zur Verfügung stehende Laserenergie bei der Laserstrukturierung effizient und produktiv nutzen zu können, ist es notwendig, dass die Fluenz der Laserstrahlung sich optimal anpassen lässt. Zur Bestimmung der optimalen Fluenz $F_{0,Optimum}$ kommt die Untersuchung der Abtragseffizienz (Abtragrate pro Laserleistung) zum Einsatz, bei der die Abtragseffizienz in Abhängigkeit von der Fluenz identifiziert wird. Eine solche Untersuchung ist exemplarisch in Bild 20 dargestellt. Die maximale Abtragseffizienz ist bei der optimalen Fluenz $F_{0,Optimum}$ erreicht. [59, 113]

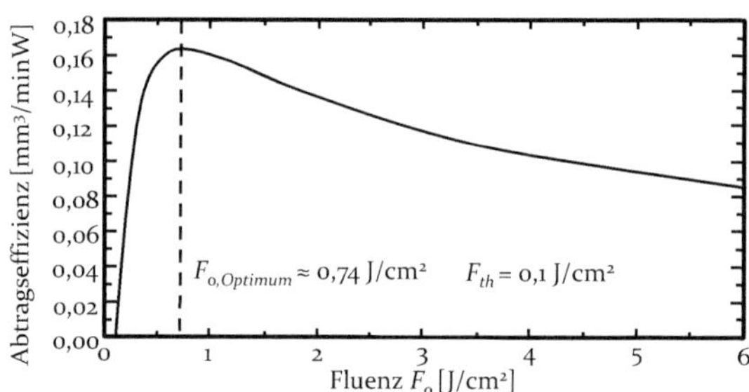

Bild 20: Exemplarische Darstellung des Modells für die Abtragseffizienz in Abhängigkeit von der verwendeten Fluenz [113]

Jedoch wird die Festlegung der Ablationseffizienz bzw. die Identifizierung des entfernten Polymervolumens wegen der leichten Verformbarkeit des Polymers bei der Multipulsbearbeitung erschwert. Infolgedessen weicht die dadurch bestimmte optimale Fluenz vom richtigen Wert ab.

In dieser Arbeit wird eine indirekte Methode zur Bestimmung der optimalen Fluenz auf Basis der Qualität der Metallschicht in Abhängigkeit von der Fluenz entwickelt. Es gilt nachzuweisen, dass die Qualität der Metallschicht analog zur Abtragseffizienz ihren Extremwert (Maximum oder Minimum) an der Extremstelle erreicht. Der Extremwert stellt die höchste Effizienz dar, während die dementsprechende Extremstelle die optimale Fluenz ist.

Zur Quantifizierung der Qualität der Metallschicht werden die Oberflächenrauheit und Schichtdicke als Qualitätsmerkmale ausgewählt. Hierzu werden zuerst Versuchsproben unterschiedlicher Oberflächenqualität bei der Laserstrukturierung mit den verschiedenen Fluenzen $F_0(x,i)$ anhand Gleichung (25) hergestellt. Anschließend lassen sich die Versuchsproben in außenstromlosen chemischen Bädern metallisieren. Da alle Proben unter den gleichen Metallisierungsbedingungen beschichtet werden, können von den Parametern der Metallisierung verursachte Qualitätsunterschiede der Metallschichten ausgeschlossen werden.

Zur Bestimmung der Oberflächenrauheit kommt ein 3D-Laserscanning-Mikroskop (Keyence, VK-9700) zum Einsatz. Röntgenfluoreszenzspektroskopie (Helmut-Fischer, Fischerscope XDLM-C4 XYZ) wird zur Messung der Schichtdicke verwendet.

3.2 Thermische Simulation der Laserstrukturierung

Das Ziel der thermischen Simulation besteht darin, grundlegende Wechselwirkungen zwischen Laser und Polymer unter Berücksichtigung von Ablation zu analysieren. Das erfolgt durch die Identifizierung des Einflusses der Laserprozessparameter auf die Temperaturverteilung. Aus den Simulationen werden die Temperaturverteilungen in Abhängigkeit von Tiefe und Zeit ermittelt, um die aus theoretischen und experimentellen Untersuchungen abgeleiteten

Ergebnisse zu ergänzen. Dafür wird zuerst ein physikalisches Modell zur Darstellung des realen Prozesses gebildet (Bild 21). Das Modell beschreibt eine Situation, in der eine gepulste Laserstrahlung mit Leistung P, Wiederholfrequenz f und Geschwindigkeit v sich vertikal auf dem Substrat (z = 0) in x-Richtung bewegt.

Die Finite-Elemente-Methode mittels ANSYS wird zur Simulation unter Berücksichtigung der Entfernung des Materials über die kritische Temperatur T_{cr} verwendet. Um ein möglichst einfaches und zugleich ausreichend genaues Modell zu erstellen, werden folgende Annahmen und Vereinfachungen zugrunde gelegt:

- Es handelt sich um eine nichtlineare transiente Wärmeleitung.
- Es tritt keine mechanische Verformung auf.
- Das Substratmaterial ist isotrop, und die physikalischen Eigenschaften sind temperaturunabhängig.
- Die Konvektion wird anhand des integrierten Wärmeübergangskoeffizienten berücksichtigt.

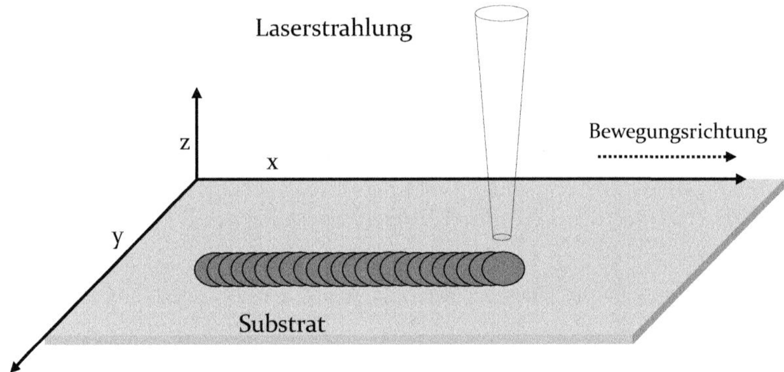

Bild 21: Schematische Darstellung des physikalischen Modells zur Beschreibung der Laserstrukturierung: die Laserstrahlung bewegt sich in x-Richtung auf dem Substrat

3.2.1 Vorbereitung für die thermische Simulation Festlegung der Art der Wärmequelle und der Wärmeleitung

Bevor eine thermische Simulation ausgeführt wird, wird zuerst die Art von Wärmequelle und Wärmeleitung für das zu simulierende Modell festgelegt. Die Bestimmung der Wärmequelle erfolgt durch den Vergleich des Strahldurchmessers $2w_0$ mit der optischen Eindringtiefe l_α. Für $2w_0 \gg l_\alpha$ wird die Laserenergie über die Absorption der Laserstrahlung an der Oberfläche in Wärme umgesetzt, die durch Wärmeleitung in die Tiefe des Materials transportiert wird. In diesem Fall gilt die Laserstrahlung als Oberflächenwärmequelle. Für $2w_0 \ll l_\alpha$ dringt die Laserstrahlung direkt in die tieferen Bereiche des Materials ein. Hier handelt es sich um eine Volumenwärmequelle. [114]

Die Charakterisierung der Art der Wärmeleitung kann über den Vergleich des Strahlradius w_0 mit der thermischen Diffusionslänge l_{th} erfolgen. Für $2w_0 \gg l_{th}$ resultiert eine eindimensionale Wärmeleitung senkrecht zur Oberfläche des Materials. Für $2w_0 \ll l_{th}$ breitet sich die Wärme räumlich im Material aus. [44, 43]

Bei einer Wellenlänge von 1064 nm und mit l_α= 12,5 µm ergibt sich eine optische Eindringtiefe über Gleichung (2) und mit l_{th}= 98 nm eine thermische Diffusionslänge über Gleichung (11). Die beiden Werte sind deutlich kleiner als der Strahldurchmesser mit $2w_0$= 80 µm. Dementsprechend lässt sich eine Oberflächenwärmequelle für die Simulation verwenden, und eine eindimensionale Wärmeleitung wird ausgelöst (Bild 22).

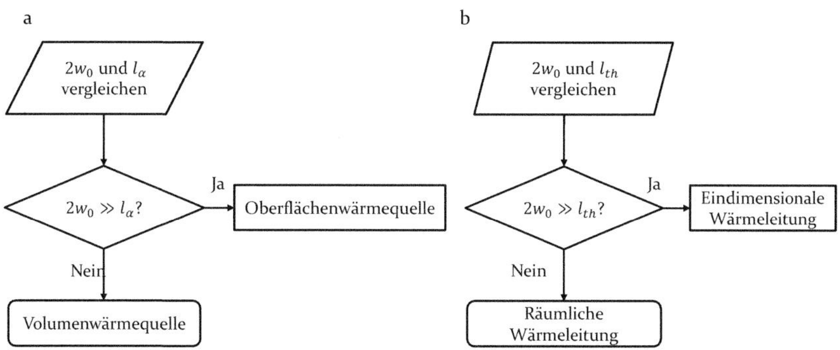

Bild 22: Vorgehensweise zur Bestimmung der Art von Wärmequelle und Wärmeleitung

Einstellung der Anfangs- und Randbedingungen

Durch die Einstellung der Anfangs- und Randbedingungen wird die Simulation an die reale Situation angepasst. Im Fall der Anfangsbedingungen sind einerseits die Eigenschaften des Substratmaterials hinsichtlich LCP®Vetra E840i und anderseits die Laserprozessparameter Leistung P, Pulswiederholfrequenz f und Bewegungsgeschwindigkeit v anzugeben.

Es wird die Randbedingung 3. Art nach Chauchy angewendet, wobei ein Wärmeübergang zwischen Umgebung und Substratoberfläche berücksichtigt werden muss [48]. Dafür wird der Wärmeübergangskoeffizient eingebracht, der in dieser Arbeit nach der in der Literatur [115, 116] vorgestellten Methode auf 5,8 berechnet wurde.

3.2.2 Ausführung der Simulation

Bei der Ausführung der Simulation wird die Wärmequelle geladen. Damit ist der zeitliche Lastzyklus eingeführt, in dem sich die Laserstrahlung mit der Geschwindigkeit v entlang der x -Richtung ($y = 0$) über eine Strecke Δx bewegt (Bild 23 a). Ein Lastzyklus besteht aus zwei Lastschritten, t_1 und t_2. Lastschritt t_1 ist auf die Länge der Pulsdauer τ_p eingestellt, in der sich das Substrat durch Absorption der Laserstrahlung erwärmt. Lastschritt t_2 ist die Zeitdauer vom Ende des vorangegangenen Laserpulses bis zum Anfang des folgenden Laserpulses. Die Zeitdauer wird durch Gleichung (37) definiert. Während Lastschritt t_2 wird keine thermische Belastung eingetragen (Bild 23 b).

$$t_2 = \frac{1}{f} - \tau_p \tag{37}$$

Jeder Lastschritt wird in 20 Zeitschritte unterteilt. Daraus wird die Länge jedes Zeitschrittes Z über Gleichung (38) berechnet:

$$Z = \frac{t_1}{20}, \text{oder } Z = \frac{t_2}{20} \tag{38}$$

Des Weiteren wird die örtliche Verteilung der Fluenz während der Bewegung der Laserstrahlung in x-Richtung berücksichtigt. Dafür wird das Tabellenparameterarray (TABLE) eingeführt, um die örtlich verteilte Fluenz zu speichern. Das Tabellenparameterarray besteht aus Spalte X und Zeile Y, die der x- und y-Achse im ebenen Koordinatensystem entsprechen. Ein beispielhaftes TABLE zeigt Bild 24.

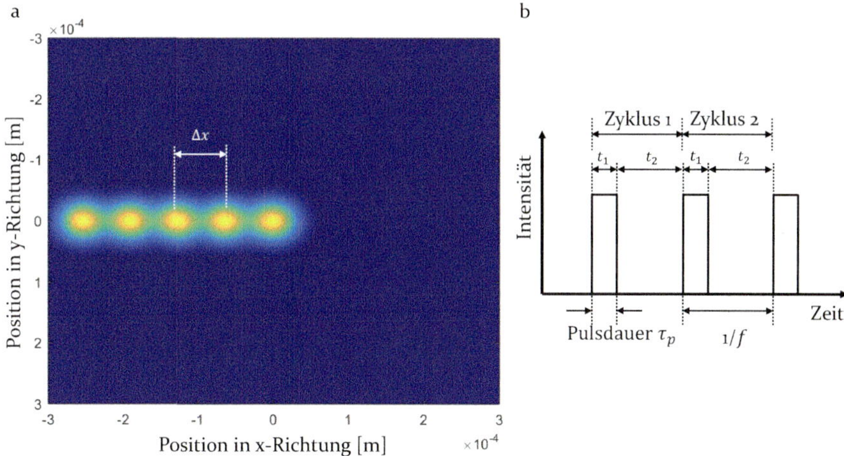

Bild 23: a) Bewegung der Laserstrahlung mit Bewegungsgeschwindigkeit v in x-Richtung über eine Strecke Δx; b) schematische Darstellung der Laserintensität über die Zeit

Page Increment | Full Page

X \ Y	-0.03	-0.026	-0.022	-0.018	-0.014	-0.01	-0.006	-0.002	0.002
0.035	0	0	0	0	0	0	0	0	0
0.039	0	0	0	0	0	0	28654233.91	35350099.7	41070956.31
0.043	0	0	0	0	26187997.9	36426670.51	47717643.4	58868209.7	68395101.9
0.047	0	0	0	27807373.31	41070956.31	57128391.2	74836161.6	92323730.7	107264871.
0.051	0	0	26187997.9	41070956.31	60661013.6	84377536.6	110531573.	136360377.	158428155.
0.055	0	0	36426670.51	57128391.2	84377536.6	117366464.	153745895.	189672938.	220368514.
0.059	0	28654233.91	47717643.4	74836161.6	110531573.	153745895.	201401658.	248464806.	288674920.
0.063	0	35350099.7	58868209.7	92323730.7	136360377.	189672938.	248464806.	306525580.	356131915.
0.067	0	41070956.31	68395101.9	107264871.	158428155.	220368514.	288674920.	356131915.	413766254.

Bild 24: Beispielhaftes TABLE für das Speichern der örtlich verteilten Fluenz

Der Mittelpunkt der Laserstrahlung $(x, 0)$ im Koordinatenssystem wird in Elementen $(X, 0)$ im TABLE angelegt. Der Abstand s zwischen der Position (x, y) und dem Zentrum $(x, 0)$ wird berechnet und anschließend mit dem Strahldurchmesser $2w_0$ verglichen. Für $s \leq 2w_0$ lässt sich die berechnete Fluenz nach Gleichung (9) an der Position (x, y) im Koordinatenssystem in Elementen (X, Y) eintragen. Andernfalls wird der Fluenz der Wert null zugewiesen. Nach Berechnung der Fluenz an allen Positionen auf der Oberfläche wird die

Fluenzverteilung der gesamten Oberfläche gebildet. Der gesamte Ablauf ist in Bild 25 dargestellt.

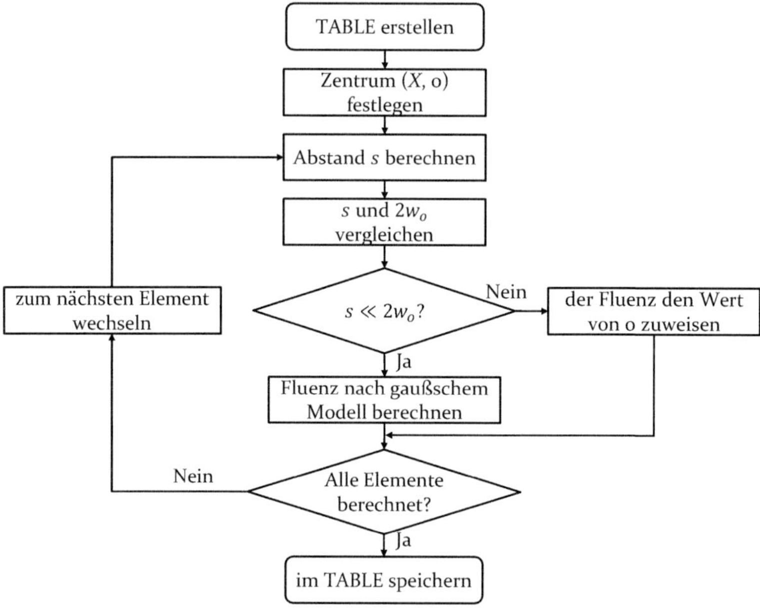

Bild 25: Ablauf zum Berechnen der Fluenz

3.2.3 Darstellung der Simulation

Nach der Durchführung der Simulation wird das Ergebnis analysiert und graphisch dargestellt. Daraus werden die folgenden Temperaturverteilungen ausgegeben:

- Temperaturverteilung an der Position x = 0,075 mm und y = 0 mm in verschiedenen Tiefen entlang der z - Richtung mit den gegebenen Laserprozessparametern P = 4 W, f = 120 kHz und v = 1200 mm/s
- Temperaturverteilungen bei z = 0 mm und y = 0 mm an verschiedenen Positionen in x - Richtung (x = 0,075 mm, 0,095 mm und 0,115 mm) mit den gegebenen Laserprozessparametern P = 4 W, f = 120 kHz und v = 1200 mm/s
- Temperaturverteilungen in Abhängigkeit von der Zeit und Tiefe mit den variierten Laserprozessparametern (Tabelle 4) an der Position x = 0,075 mm, y = 0 mm und z = 0 mm

Tabelle 4: Für die Simulation der Temperaturverteilung verwendete Laserprozessparameter

Laserprozessparameter	
Leistung P [W]	2; 4 ;6
Geschwindigkeit v [mm/s]	1200; 1600; 2000
Pulswiederholfrequenz f [kHz]	60; 120; 180

4 Grundlagen und Methoden zur Bewertung der Auswirkung des LDS®-Verfahrens auf PIM

In diesem Kapitel werden die Grundlagen und Methoden zur experimentellen und analytischen Untersuchung von PIM erläutert. In Kapitel 4 werden die verschiedenen Parameterstudien zur Untersuchung von Zusammenhängen dargestellt. Dabei werden die Schritte der Umsetzung verschiedener Parameterstudien in den Kapiteln 4.1.1, 4.1.2 und 4.1.3 ausführlich erläutert. In Kapitel 4.2 wird das analytische Modell für die Vorhersage von PIM hergeleitet. Hierfür sind die in Kapitel 4.2.1, 4.2.2, 4.2.3 und 4.2.4 beschriebenen Methoden notwendig.

4.1 Experimentelle Untersuchungen der Auswirkungen

In diesem Kapitel werden die umfangreichen experimentellen Parameterstudien vorgestellt, die notwendig sind, um die Auswirkung des LDS®-Verfahrens auf die PIM identifizieren und evaluieren zu können. Verschiedene Zusammenhänge auf Basis der beschafften Daten werden untersucht (Bild 26).

- Zusammenhang zwischen der Laserfluenz und der PIM
- Zusammenhang zwischen den Laserprozessparametern und den Qualitätsmerkmalen
- Zusammenhang zwischen den Laserprozessparametern und der PIM
- Zusammenhang zwischen den Qualitätsmerkmalen und der PIM

Um effiziente und aussagefähige Parameterstudien umsetzen zu können, besteht dringender Bedarf, geeignete und erfolgversprechende Erfassungsmethoden und Analyseansätze hinsichtlich mehrdimensionaler Datensätze aus verschiedenen Einflussgrößen und Zielgrößen zu entwickeln. Der Bedarf wird in dieser Arbeit durch Vorbereitung der Untersuchung anhand statistischer Versuchsplanung, Beschaffung der Daten mithilfe von messtechnikgestützter Analyse der Qualitätsmerkmale und PIM-Pegel sowie Datenanalyse unter Verwendung des Modellierungsansatzes erreicht. Diese werden in den folgenden Kapiteln ausführlich beschrieben.

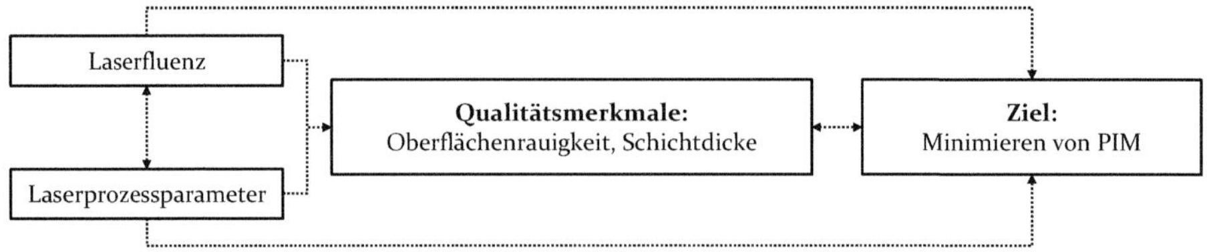

Bild 26: Verschiedene Zusammenhänge

4.1.1 Vorbereitung der Untersuchung

Für die Vorbereitung der Untersuchung werden die Mikrostreifenleitungen anhand von statistischer Versuchsplanung mit dem LDS®-Verfahren hergestellt.

Erstellung der statistischen Versuchsplanung mit gemischten Stufen

Die Laserprozessparameter Leistung P, Pulswiederholfrequenz f, Geschwindigkeit v und Hatching H werden als Einflussgrößen I im faktoriellen Versuchsplan mit gemischten Stufen definiert (Tabelle 5), die für die Herstellung der Mikrostreifenleitung verwendet werden. Dabei werden die Leistung P, Wiederholfrequenz f und Geschwindigkeit v auf drei Stufen festgelegt, während das Hatching H auf zwei Stufen getestet wird. Daraus ergeben sich vier Laserparameter mit insgesamt 54 möglichen Kombinationen und damit 54 Datensätzen. Aus den gezielt veränderlichen Laserprozessparametern resultieren variierende Zielgrößen. Als Zielgrößen werden für unterschiedliche Zwecke entsprechend die Qualitätsmerkmale Oberflächenrauheit und Schichtdicke (Cu-Schichtdicke, Ni-Schichtdicke) sowie PIM-Pegel ausgewählt, die nach Herstellung der Mikrostreifenleitung unabhängig voneinander ausgewertet werden. Es ist zu bemerken, dass die Oberflächenrauheit und die Schichtdicke zur Untersuchung der Beziehung zwischen Qualitätsmerkmalen und PIM als Einflussgrößen eingesetzt werden.

Tabelle 5: Statistische Versuchsplanung mit den Einflussgrößen von Laserprozessparametern

Laserprozessparameter	**Stufe 1**	**Stufe 2**	**Stufe 3**
Leistung P [W]	3	4	5
Geschwindigkeit v [m/s]	1800	2000	2200
Pulswiederholfrequenz f [kHz]	120	160	200
Hatching H [%]	55	70	

Herstellung der Mikrostreifenleitung für weitere Untersuchungen

Das verwendete Layout der Mikrostreifenleitung wird von einem Industriepartner vorgegeben und für die Messmethoden für die PIM-Messung angepasst (Bild 27). Die wichtigen Abmessungsparameter, die Breite von 2,11 mm und Länge von 140,8 mm, wurden durch elektromagnetische Simulation unter Berücksichtigung der Materialeigenschaften abgeleitet. Mit den Abmessungen und einer sichergestellten Schichtdicke (mindestens dreimal so dick wie die Skintiefe) kann die Mikrostreifenleitung eine charakteristische Impedanz von 50 Ω realisieren. Beide Vias sind für die Durchkontaktierung geplant, worüber beide Seiten des Substrats elektrisch miteinander verbunden sind. Die Laserstrukturierung wurde mit dem Nanosekundenlaser am Lehrstuhl für Fertigungsautomatisierung und Produktionssystematik der Friedrich-Alexander-Universität Erlangen-Nürnberg (FAU) durchgeführt (Kapitel 3.1), die Metallisierung von der Lüberg-Elektronik GmbH & Co. Rothfischer KG (Nürnberg, Deutschland). Der Zweck davon ist, dass die Metallisierung im gleichen Verarbeitungsbetrieb unter den gleichen Bedingungen stattfindet. Somit ist zu erwarten, dass ausgeschlossen werden kann, dass sich die Metallisierungsbedingungen auf die Forschungsergebnisse auswirken. Die Aussagen dieser Arbeit sind damit ausschließlich vom Laserstrukturierungsvorgang abhängig. Bild 28 zeigt die Mikrostreifenleitung mit der Leitung auf der Oberseite von LCP®Vetra E840i und der Grundplatte an der Unterseite, die nach Laserstrukturierung mit Cu/Ni/Au sowie mit Cu/Ag metallisiert sind.

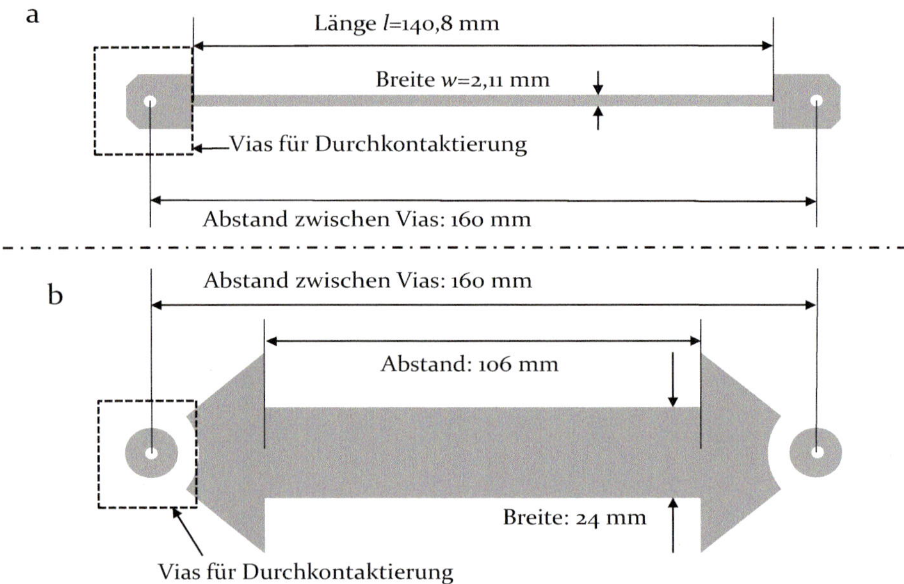

Bild 27: Schematische Darstellung des Layouts einer Mikrostreifenleitung: a) der Leitung auf der Oberseite des Substrats, und b) der Grundplatte an der Unterseite

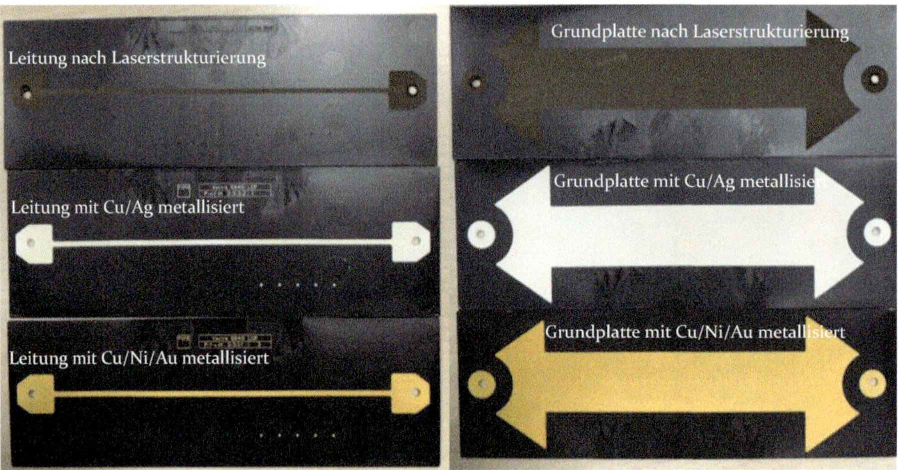

Bild 28: Die mittels LDS®-Verfahren hergestellten Mikrostreifenleitungen mit der Leitung auf der Oberseite von LCP®Vetra E840i und der Grundplatte an der Unterseite

4.1.2 Beschaffung der Daten

Die messtechnikgestützte Analyse der Qualitätsmerkmale und PIM-Pegel ist entscheidend für die Datenbeschaffung. Zur Messung der

Vorwärts-PIM dritter Ordnung wird der Swept-PIM-Test nach den Richtlinien des Aufbaus im Labor des Industriepartners eingesetzt. Zwei Signale mit einer Leistung von je 43 dBm werden in das System eingespeist, wobei ein Signal fixiert wird, während das andere Signal mit Abstand Δf von 1 MHz abgetastet wird. Dadurch ändern sich die PIM-Frequenzen. In dieser Arbeit wurden die Frequenzen in den Frequenzbereichen um 700 MHz (LTE 700), 900 MHz (EGSM 900) und 1800 MHz (DCS 1800) betrachtet. Die gemessenen PIM-Pegel sind entsprechend als PIM-LTE, PIM-EGSM und PIM-DCS gekennzeichnet (Tabelle 6). Jeder Test wird wiederholt, bis die Ergebnisse von drei aufeinanderfolgenden Messungen identisch sind.

Tabelle 6: Für die PIM-Messungen benötigte Frequenz

Frequenz-bereich	f_1	f_2	f_{PIM}
LTE 700	746~761 MHz	793 MHz	698~730 MHz
	745 MHz	792~760 MHz	
EGSM 900	925~937 MHz	960 MHz	880~915 MHz
	925 MHz	960~935 MHz	
DCS 1800	1805~1832 MHz	1880 MHz	1710~1785 MHz
	1805 MHz	1880~1825 MHz	

Zur Messung der Oberflächenrauheit und Schichtdicke kommen ein 3D-Laserscanning-Mikroskop (Keyence, VK-9700) und ein Röntgenfluoreszenzspektroskop (Helmut Fischer, Fischerscope XDLM - C4 XYZ) zum Einsatz.

4.1.3 Datenanalyse

Die erfassten Datensätze werden mittels der Analysator-Toolbox von Matlab 2016a analysiert, um die verschiedenen Beziehungen zwischen Einflussgrößen und Zielgrößen über multiple Regression und KNN identifizieren und auswerten zu können.

Bei multipler Regression wird aus den Versuchsergebnissen das Beschreibungsmodell abgeleitet, in dem die Zusammenhänge quantifiziert werden. Des Weiteren werden die Haupt- und Wechselwirkungen untersucht. Die Wirkungen der Hauptfaktoren sowie der Wechselwirkungen auf die Zielgrößen lassen sich anhand von Effektdiagrammen veranschaulichen, was die Interpretation der Zusammenhänge erleichtert. [117]

Mithilfe von KNN werden die Vorhersagemodelle hergeleitet, um die Zielgrößen bei gegebenen Einflussgrößen zuverlässig vorhersagen zu können (O-Prognose). Ferner lassen sich die Einflussgrößen anhand des Backpropagation-Algorithmus (BP-Algorithmus) optimieren, bei deren Kombination die gewünschten Zielgrößen zu erwarten sind (I-Prognose). [118, 119]

Zur Bewertung und gegenüberstellenden Evaluierung der Modelle werden verschiedene Kennzahlen eingesetzt. Hierbei werden hauptsächlich die mittlere quadratische Abweichung (MSE), der korrigierte Determinationskoeffizient R^2 und der multiple Korrelationskoeffizient R_m betrachtet.

Die mittlere quadratische Abweichung (MSE) ist der Mittelwert der quadrierten Differenz zwischen den gemessenen Werten aus experimentellen Untersuchungen und den vorhergesagten Werten durch das Modell, die mittels Gleichung (39) berechnet wird:

$$\mathrm{MSE} = \frac{1}{n}\sum_{i=1}^{n}(f_i - y_i)^2 \qquad (39)$$

Hierbei ist n die Anzahl der Elemente, f_i der vorhergesagte Wert durch das Modell und y_i der gemessene Wert.

Der korrigierte Determinationskoeffizient R^2 ergibt den Anteil der Varianz der Zielgröße an, der durch die Einflussgrößen erklärt werden kann. Aus der Wurzel des Determinationskoeffizienten ergibt sich der multiple Korrelationskoeffizient R_m. Er gibt an, wie gut die Beziehung zwischen den vorhergesagten Werten und den gemessenen Werten ist.[117] Der gesamte Ablauf der experimentellen Untersuchung der Auswirkungen des LDS®-Verfahrens auf die PIM ist in Bild 29 zusammengefasst:

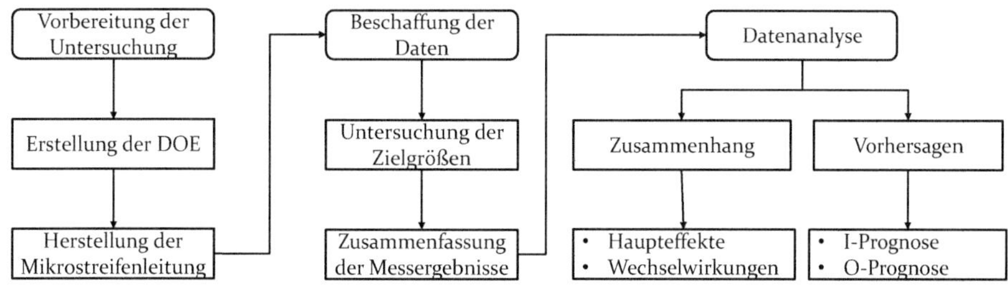

Bild 29: Ablauf der experimentellen Untersuchung der Auswirkungen des LDS®-Verfahrens auf die PIM

4.2 Analytische Modellierung der PIM

Bei den in Kapitel 2.3.2 beschriebenen PIM-Mechanismen wird festgestellt, dass elektrothermische Nichtlinearität aufgrund der Temperaturabhängigkeit des verteilten Widerstands der wichtigste physikalische Mechanismus zur Erklärung der Entstehung von PIM in Mikrostreifenleitungen ist. In diesem Kapitel wird das analytische Modell für die Vorhersage von PIM anhand des elektrothermischen Effekts abgeleitet, um die Entstehung von PIM auf physikalischer Ebene verstehen zu können. Im Allgemeinen besteht das Vorgehen bei der Ableitung aus vier Schritten: Ermittlung des verteilten Widerstands anhand gemessener S-Parameter, Erzeugung der jouleschen Wärme aufgrund von Leitungsverlust, Modellierung des Temperaturanstiegs anhand von Berechnungen der Wärmeleitung und Ableitung des PIM-Pegels mithilfe elektrothermischer Kopplung (Bild 30). Jeder Schritt wird in den folgenden Kapiteln detailliert erläutert.

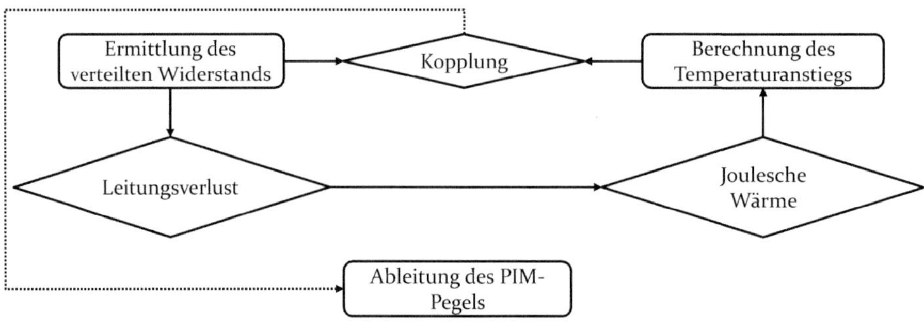

Bild 30: Vorgehen zur Ableitung des PIM-Pegels

4.2.1 Ermittlung des verteilten Widerstands

Der elektrische Verlust in Mikrostreifenleitungen resultiert aus dem ohmschen Widerstand R', der zusammen mit dem Leitwert G', der Kapazität C' und der Induktivität L' die verteilten Kenngrößen definiert und die elektrischen Eigenschaften einer elektrischen Leitung bezogen auf die Leitungslänge charakterisiert (Bild 31) [120].

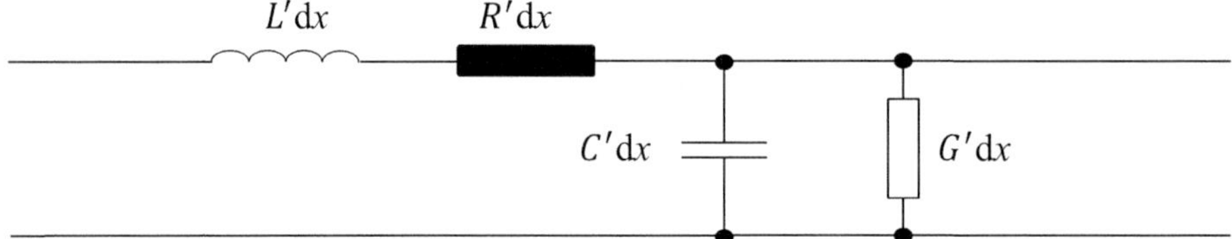

Bild 31: Ersatzschaltbild für ein Leitungselement einer elektrischen Leitung der Länge dx

Als verteilte Kenngröße lässt sich der ohmsche Widerstand R' aus dem komplexen Ausbreitungskoeffizient γ und der charakteristischen Impedanz Z_c nach Gleichung (40) extrahieren, die wiederum aus gemessenen Streuparametern (S-Parametern) abgeleitet werden [121, 122, 106].

$$R' = Re(\gamma Z_c) \tag{40}$$

Eine Schaltung mit zwei Toren kann vier S-Parameter, S_{11}, S_{12}, S_{21} und S_{22}, aufweisen. In dieser Arbeit wurden die Messungen der S-Parameter anhand des Through-Reflect-Line (TRL)-Standards mit Vektornetzwerkanalysator (VNA, Rohde & Schwarz ZVA-24) am Lehrstuhl für Hochfrequenztechnik (LHFT) der FAU durchgeführt.

Ableitung des Ausbreitungskoeffizienten aus S-Parametern

Der Ausbreitungskoeffizient γ als komplexe Größe lässt sich nach Gleichung (41) mit Realteil- und Imaginärteil beschreiben, die jeweils der Dämpfung α und der Phasenkonstante β entsprechen [99]:

$$\gamma = \alpha + j\beta \tag{41}$$

Aus den gemessenen S-Parametern zweier identischer Leitungen unterschiedlicher Länge l wird der Ausbreitungskoeffizient γ anhand der Multiline-Deembedding-Methode nach Gleichung (42) ermittelt [123], wobei in dieser Arbeit Leitungen mit einer Länge l = 20 mm und l = 40 mm werden:

$$\gamma = -\frac{10}{l}\log_{10}\left(\frac{2S_{21}}{1 - {S_{11}}^2 + {S_{21}}^2 \pm \sqrt{(1 + {S_{11}}^2 - {S_{21}}^2)^2 - 4{S_{11}}^2}}\right) \tag{42}$$

Die Dämpfung α, mit der die Auswirkung des Verlusts auf die Signalübertragung erfasst werden kann, lässt sich aus Gleichung (43) ermitteln [124–126]:

$$\alpha = -\frac{10}{l}\log_{10}\left(\frac{|S_{21}|^2}{1 - |S_{11}|^2}\right) \tag{43}$$

Ferner besteht die Dämpfung α aus der Dämpfung der Leitung $\alpha_{Leitung}$, der Dämpfung des Substrats $\alpha_{Substrat}$ und der Dämpfung durch Radiation $\alpha_{Radiation}$. Die Dämpfung $\alpha_{Radiation}$ kann im Vergleich zu den anderen beiden vernachlässigt werden [2]. Die Dämpfung $\alpha_{Leitung}$ und die Dämpfung $\alpha_{Substrat}$ sind frequenzabhängig, und diese Frequenzabhängigkeit kann durch Gleichung (44) modelliert werden [127, 128]:

$$\alpha = \alpha_{Leitung} + \alpha_{Substrat} = B_1\sqrt{f} + B_2 f \tag{44}$$

Dabei sind B_1 und B_2 die Konstanten, die aus dem gemessenen S_{21} durch Regression erhalten werden. Daraus können Dämpfung $\alpha_{Leitung}$ und Dämpfung $\alpha_{Substrat}$ voneinander separat identifiziert werden, um die Auswirkung des Leitungsverlusts und des dielektrischen Verlusts separat auswerten zu können.

Ableitung der charakteristischen Impedanz aus *S*-Parametern

Die charakteristische Impedanz Z_c kann aus S-Parametern nach Gleichung (45) ausgedrückt werden [123] [121, 122, 106]:

$$Z_c = \pm Z_o \sqrt{\frac{(1+S_{11})^2 - {S_{21}}^2}{(1-S_{11})^2 - {S_{21}}^2}} \tag{45}$$

Dabei ist Z_o die Referenzimpedanz von 50 Ω.

Das oben beschriebene Vorgehen für die Ermittlung des verteilten Widerstands R' ist in Bild 32 schematisch dargestellt.

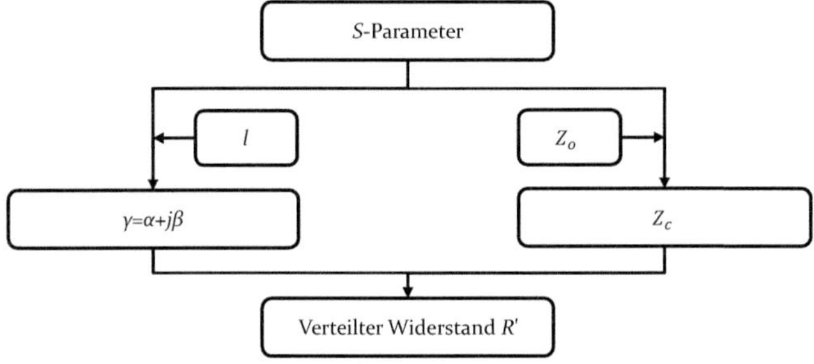

Bild 32: Zusammenfassung der Vorgehensweise für die Ermittlung des verteilten Widerstands R'

4.2.2 Erzeugung der jouleschen Wärme

Wenn der Wechselstrom eines Signals durch eine Leitung fließt, entsteht aufgrund des Leitungsverlusts die joulesche Wärme. Bei niedrigen Leistungen ist der Temperaturanstieg bis zur Erwärmung vernachlässigbar. Allerdings kann die Erwärmung bei hohen Leistungen einen wichtigen Einfluss haben, der stark von den thermischen Eigenschaften des Materials abhängt [129].

Die Stromstärke $I_n(l,t)$ in einer Mikrostreifenleitung mit der Länge l bei Kreisfrequenz ω_n zum Zeitpunkt t lässt sich mit Gleichung (46) beschreiben [4, 3]:

$$I_n(l,t) = I_n e^{-\gamma_n l} \cos(\omega_n + \emptyset_n) \tag{46}$$

Dabei ist n die Anzahl der Frequenzen, I_n der Maximalwert der Stromstärke, γ_n der Ausbreitungskoeffizient und $\emptyset_n$ die Phasenverschiebung.

Zur Betrachtung einer PIM-Messung werden zwei Signale in die Mikrostreifenleitung gespeist. Mit n=1, 2 lässt sich die Stromstärke durch Gleichung (47) ermitteln:

$$I(l,t) = I_1 e^{-\gamma_n l} \cos(\omega_1 + \emptyset_1) + I_2 e^{-\gamma_n l} \cos(\omega_2 + \emptyset_2) \qquad (47)$$

Die daraus resultierende Verlustleistung beziehungsweise joulesche Wärme Q kann durch Gleichung (48) angegeben werden:

$$Q = I^2(l,t)R' \qquad (48)$$

Zusammen mit Gleichungen (41) und (47) erweitert sich die Gleichung (48) in Gleichung (49) zu einer vollständigen Beschreibung der jouleschen Wärme Q mit spektralen Komponenten, wobei die Phasenkonstante zu vernachlässigen ist.

$$\begin{aligned} Q = R'\{&\frac{1}{2}\left({I_1}^2 e^{-2\alpha_1 l} + {I_2}^2 e^{-2\alpha_2 l}\right) \\ &+ \frac{1}{2}{I_1}^2 e^{-2\alpha_1 l} \cos(2\omega_1 t + 2\emptyset_1) \\ &+ \frac{1}{2}{I_2}^2 e^{-2\alpha_2 l} \cos(2\omega_2 t + 2\emptyset_2) \\ &+ I_1 I_2 e^{-(\alpha_1+\alpha_2)l} \cos\left[(\omega_2 + \omega_1)\, t \right. \\ &\left. + (\emptyset_2 + \emptyset_1)\right] \\ &+ I_1 I_2 e^{-(\alpha_1+\alpha_2)l} \cos\left[(\omega_2 - \omega_1)\, t \right. \\ &\left. + (\emptyset_2 - \emptyset_1)\right]\} \end{aligned} \qquad (49)$$

In Gleichung (49) ist zu bemerken, dass der erste Term die Gleichstromkomponente Q_{DC} darstellt, woraus eine konstante Erwärmung der Mikrostreifenleitung resultiert. Der zweite und dritte Term sind von den Schwingungen der zweiten Harmonischen abhängig und haben keinen Einfluss auf die Entstehung von PIM. Der letzte Term ist die niedrigste Frequenzkomponente Q_{AC} , wodurch die Mikrostreifenleitung sich periodisch mit der Kreisfrequenz $\omega_2 - \omega_1$ erwärmt, was zur Entstehung von PIM beiträgt. [130][131][130] Somit bleibt die joulesche Wärme aus zwei Komponenten bestehen, wie es in Gleichung (50) gezeigt wird:

$$\begin{aligned} Q &= Q_{DC} + Q_{AC} \\ &= R'\{\frac{1}{2}(I_1{}^2 e^{-2\alpha_1 l} + I_2{}^2 e^{-2\alpha_2 l}) \\ &+ I_1 I_2 e^{-(\alpha_1+\alpha_2)l} \cos[(\omega_2 - \omega_1)\, t \\ &+ (\emptyset_2 - \emptyset_1]\} \end{aligned} \tag{50}$$

Für die zwei Signale mit gleicher Stromstärke $I_1 = I_2$ und gleicher Phasenverschiebung $\emptyset_1 = \emptyset_2$ kann Gleichung (50) zu Gleichung (51) vereinfacht werden:

$$\begin{aligned} Q = R'\{\frac{1}{2} I_1{}^2 (e^{-2\alpha_1 l} + e^{-2\alpha_2 l}) \\ + I_1{}^2 e^{-(\alpha_1+\alpha_2)l} \cos[(\omega_2 - \omega_1)\, t]\} \end{aligned} \tag{51}$$

Die joulesche Wärme Q mit Gleichstrom- und Wechselstromkomponente führt zu einem Temperaturanstieg mit Gleichstromkomponente ΔT_{DC} und Wechselstromkomponente ΔT_{AC}, der sich im folgenden Kapitel 4.2.3 ableiten lässt.

4.2.3 Modellierung des Temperaturanstiegs

Wärmeleitung tritt auf, wenn die Wärmestromdichte aus dem Leitungsverlust an der Oberfläche des Substrats vorgegeben ist, während die Grundplatte an die Umgebung grenzt. In diesem Fall kann das Modell als Wärmeleitung im Festkörper mit Neumann-Kondition angesehen werden [48].

Die analytische Modellierung des Temperaturanstiegs erfolgt durch die Berechnung der eindimensionalen Wärmeleitung in einem halbunendlichen Festkörper ohne Phasenänderung unter Berücksichtigung einer Oberflächenwärmequelle. Diese Annahmen gelten, wenn die thermische Diffusionslänge $\delta_{th,\omega}$ bei der Frequenz ω kleiner als die Breite der Leitung w und die Substratdicke d ist sowie wenn die Fourier-Zahl F_o des Substrats kleiner als 0,2 ist: $\delta_{th,\omega} \ll w$, $\delta_{th,\omega} \ll d$ und $F_o \ll 0{,}2$ [12, 48, 95]. Die thermische Diffusionslänge $\delta_{th,\omega}$ und die Fourier-Zahl F_o können nach Gleichungen (52) und (53) erfasst werden [48, 95]:

$$\delta_{th,\omega} = \sqrt{\frac{k}{c_p \omega}} \tag{52}$$

$$F_o = \frac{4D_T}{fd^2} \tag{53}$$

Bei der Betrachtung zweier Frequenzen f_1 = 745 MHz und f_2 = 793 MHz liegt die niedrige Wechselstromkomponente bei der Frequenz $f_2 - f_1$ = 48 MHz, die sich auf die Entstehung von PIM auswirkt (Kapitel 4.2.2). Mit $\omega = 2\pi f$ kann die thermische Diffusionslänge $\delta_{th,\omega}$ der Kupferschicht auf $\delta_{th,\omega}$ = 0,21 µm festgelegt werden, während die Fourier-Zahl F_o des Substrats auf F_o = 4,59·10^{-7} berechnet wird. Daraus ergibt sich, dass sich die erzeugte Wärme aus der Leitung als Oberflächenwärmequelle gleichmäßig über das Substrat verteilt und die eindimensionale Wärmeleitung ins Substrat senkrecht zur Ausbreitung des Signals erfolgt.

Ferner werden folgende Annahmen zur Berechnung der Wärmeleitung getroffen:

- Die End- und Kantenwirkungen sind vernachlässigbar, weil die thermische Diffusionslänge $\delta_{th,\omega}$ kleiner als die Breite der Leitung w ist [48].
- Der thermische Widerstand an der Grenzfläche zwischen Leitung und Substrat ist nicht berücksichtigt [132].
- Die Strahlung und Konvektion von Wärme werden vernachlässigt.
- Das Substrat ist ein homogener Festkörper mit isotropen Eigenschaften.

Somit lässt sich die vollständige Temperaturverteilung in z-Richtung durch die Lösung der Wärmeleitungsgleichung (54) beschreiben, die abhängig von den thermischen Eigenschaften des Materials und der erzeugten Wärmestromdichte $q(z, t)$ je Volumeneinheit ist [133, 134]:

$$k\frac{\partial^2 T}{\partial z^2} - \rho_d c_p \cdot \frac{\partial T}{\partial t} = q(z,t) \tag{54}$$

Zur Berechnung der Wärmeleitung stehen viele analytische und numerische Ansätze zur Verfügung, beispielweise Fourierreihe, Finite-Elemente-Methode und Finite-Differenz-Methode [135, 136, 134]. Eine häufig verwendete alternative Methode stellt das kompakte Wärmemodell dar [135, 86, 137–140]. In dieser Arbeit erfolgt eine komplette Modellierung durch die analytische Berechnung der instationären eindimensionalen Temperaturverteilung. Mit $D_T = \frac{k}{\rho_d c_p}$ kann die Gleichung (54) zu Gleichung (55) modifiziert werden:

$$\frac{\partial^2 T}{\partial z^2} - \frac{1}{D_T} \cdot \frac{\partial T}{\partial t} = \frac{q(z,t)}{k} \tag{55}$$

Als Randbedingung wird die Neumann-Kondition (Randbedingung 2. Art) mit konstanter Wärmestromdichte $\dot{q}(0,t) = q_0$ an der Oberfläche mittels Gleichung (56) eingesetzt:

$$\dot{q}(z,t) = -k\frac{\partial T(z,t)}{\partial z} \tag{56}$$

Die Ausgangsbedingung nach den Gleichungen (57) und (58) zeichnet sich dadurch aus, dass die Temperaturen zum Zeitpunkt $t = 0$ und an der Stelle $z \rightarrow \infty$ gleich der Raumtemperatur T_0 sind:

$$T(z,0) = T_0 \tag{57}$$

$$T(z \rightarrow \infty, t) = T_0 \tag{58}$$

Bei stationärer Wärmeleitung kann die Temperaturverteilung in z-Richtung durch Gleichung (59) berechnet werden:

$$T(z,0) = \int_0^z -\frac{1}{k}\dot{q}(z,t)dz = \frac{q_0}{k} + T_0 \tag{59}$$

Mit $q_0 = \frac{Q_{DC}}{S_A}$ lässt sich der konstante Temperaturanstieg aus Gleichung (60) bestimmen. Dabei ist S_A die Fläche, durch die der Wärmestrom fließt.

$$\Delta T_{DC} = \frac{q_0}{k} = \frac{R'}{kS_A}[\frac{1}{2}I_1{}^2(e^{-2\alpha_1 x} + e^{-2\alpha_2 x})] \quad (60)$$

Im instationären Zustand führt eine periodisch veränderliche Wärmestromdichte mit der Frequenz $\Delta\omega$ zu einer zeitlich variierten Temperaturverteilung $T(z,\omega)$, die zeitlich periodisch in der Entfernung in z - Richtung mit räumlichem Anteil T_z abgeschwächt ist [133]. Eine solche Temperaturverteilung lässt sich mit Gleichung (61) beschreiben:

$$T(z,\omega) = T_z e^{i\Delta\omega t} \quad (61)$$

Daraus kann die Wärmeleitung im Substrat durch Gleichung (62) abgeleitet werden:

$$\frac{\partial^2 T_z}{\partial z^2} - \frac{i\Delta\omega}{D_T} T_z = 0 \quad (62)$$

Die Lösung der Gleichung (62) über den räumlichen Anteil in z - Richtung mit $z > 0$ kann mithilfe von Gleichung (63) beschrieben werden, wobei T_a die Temperatur an der Oberfläche ist:

$$T_z = T_a e^{-z\sqrt{i\frac{\Delta\omega}{D_T}}} \quad (63)$$

Setzt man Gleichung (63) in Gleichung (62) ein, kann die zeitlich variierte Temperaturverteilung im Material mithilfe von Gleichung (64) ausgedrückt werden:

$$T(z,\omega) = T_a e^{-z\sqrt{\frac{\Delta\omega}{2D_T}}} e^{-iz\sqrt{\frac{\Delta\omega}{2D_T}}} e^{i\Delta\omega t} \quad (64)$$

Zusammen mit Gleichung (64) lässt sich die Neumann-Kondition mithilfe von Gleichung (65) beschreiben:

$$\dot{q}(z,\omega) = -k\frac{\partial T(z,\omega)}{\partial z} = kT_a\sqrt{\frac{\Delta\omega}{2D_T}} e^{i\Delta\omega t + i\frac{\pi}{4}} \quad (65)$$

Laut Gleichung (65) ist $\dot{q}(0,\omega)$ eine periodisch veränderliche Wärmestromdichte mit der Frequenz ω, die mit der niedrigsten Frequenzkomponente Q_{AC} über $\dot{q}(0,\omega) = \frac{Q_{AC}}{S_A}$ korreliert. Somit kann die

Temperatur an der Oberfläche nach Gleichung (66) abgeleitet werden:

$$T_a = \frac{Q_{AC}}{S_A\sqrt{2\Delta\omega c_p \rho_d k}} e^{i\frac{\pi}{4}} \tag{66}$$

Aus Gleichungen (64) und (66) ergibt sich die komplette instationäre eindimensionale Temperaturverteilung $T(z,\omega)$ nach Gleichung (67):

$$T(z,\omega) = \frac{Q_{AC}}{S_A\sqrt{2\Delta\omega c_p \rho_d k}} e^{i\Delta\omega t - z\sqrt{i\frac{\Delta\omega}{D_T}} - i\frac{\pi}{4}} \tag{67}$$

Aufgrund des $\sqrt{\Delta\omega}$-Anteils in Gleichung (67) kann die instationäre eindimensionale Temperaturverteilung als harmonische Ausbreitung von Wärmefluss angesehen werden [141]. Die zeitlich variierende Temperaturverteilung hat eine Tiefpasscharakteristik, wodurch die hohen Wechselstromkomponenten in Gleichung (49) gefiltert werden können [91]. Die Leitungsverluste durch joulesche Wärme Q_{DC} und Q_{AC} sind somit über Gleichungen (60) und (67) mit dem Temperaturanstieg verbunden, der den verteilten Widerstand der Leitung beeinflusst.

4.2.4 Ableitung des PIM-Pegels

Die Abhängigkeit des verteilten Widerstands vom Temperaturanstieg unter Einbeziehung der Gleichstromkomponente ΔT_{DC} und Wechselstromkomponente ΔT_{AC} lässt sich nach Gleichung (68) darstellen [142]:

$$R'(T) = R'(T_0) + \alpha_T R'(T_0)\Delta T_{DC} + \alpha_T R'(T_0)\Delta T_{AC} \tag{68}$$

Wenn die Frequenzkomponente ΔT_{AC} bei der Frequenz $\omega_2 - \omega_1$ mit der Trägerfrequenz ω_1 gekoppelt ist, kann sich ein Spannungsabfall an dem verteilten Widerstand nach dem ohmschen Gesetz wie durch Gleichung (69) beschrieben ergeben:

$$V_{2\omega_1-\omega_2} = I_1(l,t)\alpha_T\, R'(T_0)\Delta T_{AC} \tag{69}$$

Somit wird mit Gleichung (69) eine analytische Darstellung von elektrothermischer PIM entwickelt.

5 Auswertung und Evaluierung der Ergebnisse von Untersuchung der Laserstrukturierung

In diesem Kapitel werden die Ergebnisse der Untersuchung der Laserstrukturierung anhand der in Kapitel 3 beschriebenen Methoden präsentiert. Die Ergebnisse der theoretischen Bestimmung und experimentellen Charakterisierung von Ablationsschwelle und Ablationsqualität sind jeweils in Kapitel 5.3 und Kapitel 5.3 dargestellt. Die optimale Fluenz wird in Kapitel 5.3 abgeleitet. Die Simulationsergebnisse, womit die Experimente bestätigt werden können, werden in Kapitel 5.4 vorgestellt.

5.1 Theoretische Bestimmung von Ablationsschwelle und Ablationsqualität

Zur Bestimmung der theoretischen Ablationsschwelle wird zunächst der Ablationsmechanismus ermittelt. Das Vorgehen startet mit der Identifizierung einer photochemischen Ablation anhand der Berechnung der Bindungsenergie von organischen Verbindungen. Die chemische Struktur von LCP®Vetra ist in Bild 33 dargestellt. Sie besteht hauptsächlich aus der primären kovalenten C-C-Bindung (kettenförmig und ringförmig), C-O-Bindung, C=O-Bindung und C-H-Bindung [21]. Die entsprechenden Bindungsenergien sind in Tabelle 7 aufgeführt [21].

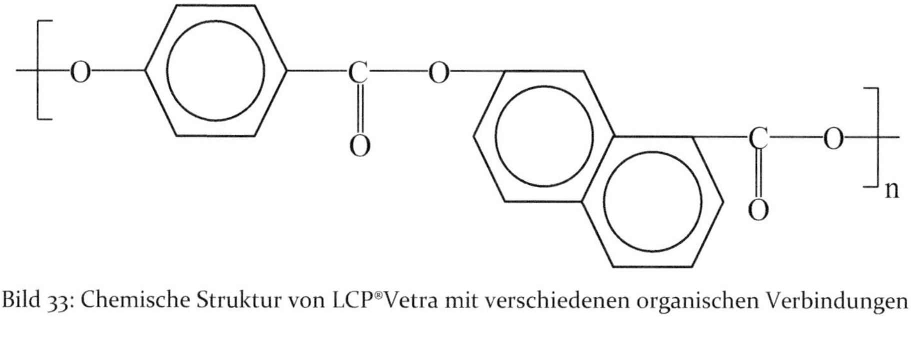

Bild 33: Chemische Struktur von LCP®Vetra mit verschiedenen organischen Verbindungen

Tabelle 7: Bindungsenergien von verschiedenen Bindungen

Bindung	Bindungsenergie [kJ/mol]	Bindungsenergie [eV]
C-C (kettenförmig)	etwa 350	3,63
C-C (ringförmig)	etwa 560	5,80
C-O	351	3,64
C=O	708	7,34
C-H	413	4,28

Laut Gleichung (33) beträgt die Photonenenergie des Lasers mit 1064 nm Wellenlänge 1,17 eV und ist damit deutlich kleiner als die Bindungsenergie von allen Bindungen in LCP®Vetra. Daraus ergibt sich, dass die aufgenommene Laserenergie nicht zur direkten Aufspaltung der unterschiedlichen organischen Bindungen ausreicht. Es ist darauf hinzuweisen, dass die mehrstufigen Kettenspaltungen, wie die Aufspaltung der Doppelbindungen oder die Nachvernetzung, aufgrund der ungesättigten Doppelbindungen bei der Annahme nicht berücksichtigt werden. Als Folge ist eine photochemische Ablation in der Arbeit ausgeschlossen, und es handelt sich um eine photothermische Ablation.

Zur Bestimmung der photothermischen Ablationsschwelle $F_{th,th}$ wird zunächst die Degradationszeit t_d berechnet. Die dazu benötigte Laserintensität wird laut Gleichung (8) mit ausgewählten Leistungen und Pulswiederholfrequenzen ermittelt, die in Tabelle 5 aufgeführt sind. Daraus ergibt sich eine Reihe von Laserintensitäten bzw. Degradationszeiten. Die maximale Degradationszeit ist anhand der Leistung von 3 W und einer Pulswiederholfrequenz von 200 kHz mit 6,36 ps festgelegt, während das Minimum mit einer Leistung von 5 W und einer Pulswiederholfrequenz von 120 kHz bei 0,82 ps liegt. Für alle in dieser Arbeit ausgewählten Laserprozessparameter befindet sich die dementsprechende Degradationszeit zwischen dem Maximum und dem Minimum. Daraus ist ersichtlich, dass alle Degradationszeiten viel kleiner als die Pulsdauer sind und sogar das Maximum deutlich unter der Pulsdauer liegt. Dieses Ergebnis deutet darauf hin, dass die Ablationszeit so eingestellt werden kann, dass sie der Pulsdauer entspricht. Die thermische Zersetzung von LCP®Vetra anhand der Laserenergie wird sofort ausgelöst, wenn die Laserstrahlung auf die Oberfläche trifft. Darüber hinaus wird die Ablationsschwelle $F_{th,th}$ nach Gleichung (30) mit 2,29 J/cm² berechnet, wobei die durch die Laserenergie induzierte thermische Diffusion berücksichtigt wird. [P1]

Die Ermittlung der Ablationsqualität unter Berücksichtigung von photothermischer Ablation erfolgt durch die Betrachtung des thermischen Einschlusses und des Spannungseinschlusses. Nach Gleichung (34) ergibt sich für LCP®Vetra E840i eine Diffusionszeit τ_d = 0,4 ms, die deutlich über der Pulsdauer τ_p = 23,7 ns liegt. Dies ermöglicht den thermischen Einschluss, wobei die thermische Diffusion in die Umgebung für den Zeitraum der Laserbestrahlung zu vernachlässigen ist [143, 144, 52]. Da die Wärme im Volumen unter der eingefallenen Laserstrahlung eingeschlossen ist, entsteht kein Temperaturgradient zur Modifikation des umliegenden Materials. Die Ausbreitungszeit τ_s ist laut Gleichung (35) auf τ_s = 5,5 ns festgelegt und somit kleiner als die Pulsdauer. Daraus lässt sich schlussfolgern, dass eine Spallation ausgeschlossen werden kann. Es ist also eine Volumenausdehnung aufgrund der Ausbreitung der Spannungswelle zu erwarten. [P1]

5.2 Experimentelle Charakterisierung von Ablationsschwelle und Ablationsqualität

In Anlehnung an die Zero-Damage-Methode zur Ableitung der Ablationsschwelle sind die resultierenden Ablationszonen, die mit einzelnen Laserpulsen mit verschiedenen Spitzenfluenzen gestrahlt werden, in Bild 34 zu erkennen. Diese Ablationszonen werden in dieser Arbeit nach Laserstrukturierung mittels 3D-Laserscanning-Mikroskop (Keyence, VK-9700) mit einem Objektiv mit 50-facher (50x) Vergrößerung aufgenommen. Die signifikante Farbänderung zeigt den Rand der Ablationszone. Es ist ersichtlich, dass sich mit steigender Fluenz der Ablationsdurchmesser (rote Kreise) vergrößert. Jedoch muss darauf hingewiesen werden, dass in dieser Arbeit der Ablationsdurchmesser bei der kleinsten Breite der veränderten Fläche genommen wird.

Die Ablationsschwelle wird mittels der in Kapitel 3.1.2 dargestellten Vorgehensweise ermittelt. Der Ablationsdurchmesser nach der Laserstrukturierung über verschiedenen Fluenzen ist in Bild 35 aufgetragen. Anhand der Gleichung (36) gibt die Extrapolation für $D^2 = 0$ eine Ablationsschwelle von $F_{th} = 1{,}73\ \mathrm{J/cm^2}$ an, die etwas unter dem in Kapitel 0 berechneten Wert von $2{,}29\ \mathrm{J/cm^2}$ liegt. Die leichte Abweichung zwischen den beiden Werten ist auf die Gratbildung, die die Bemessung von beschädigten Durchmessern erschwert, zurückzuführen. Im Allgemeinen zeigt der Vergleich, dass die experimentell bestimmte Ablationsschwelle zuverlässig ist. [P1]

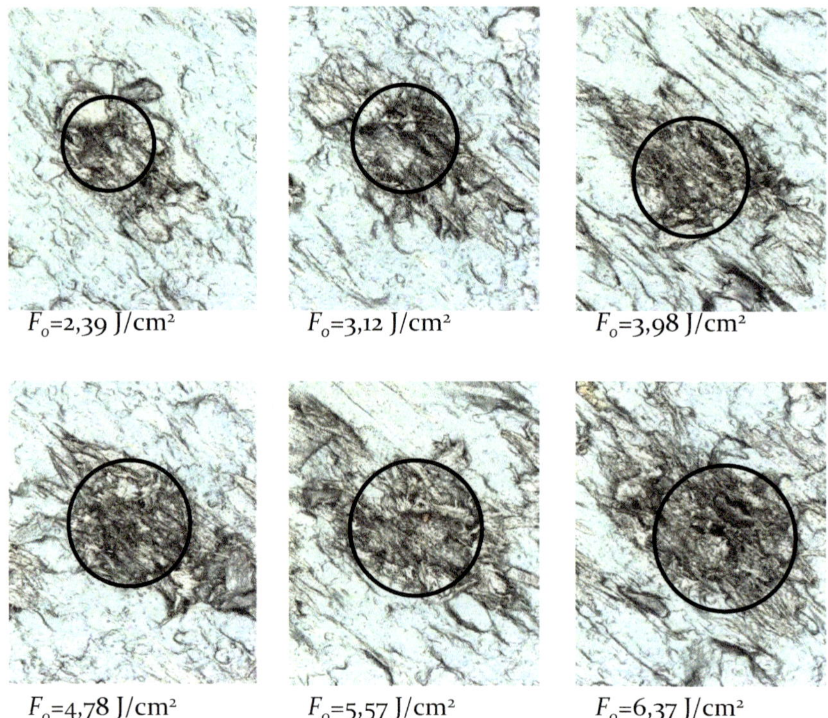

Bild 34: Mikroskopaufnahmen der Ablationszonen von LCP®Vetra E840i nach der Laserstrukturierung für unterschiedliche Spitzenfluenzen F_0 = 2,39 J/cm², 3,12 J/cm², 3,98 J/cm², 4,78 J/cm² 5,57 J/cm² und 6,37 J/cm²

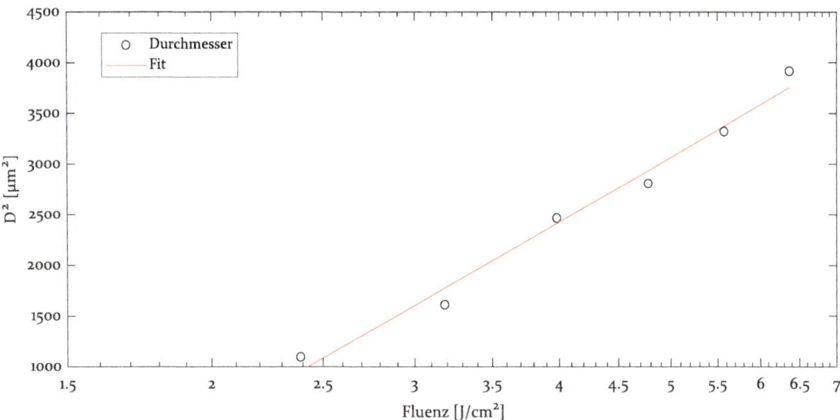

Bild 35: Abhängigkeit des Ablationsdurchmessers von der Fluenz

Bild 36 zeigt das Querschnittprofil (a) und das Höhenprofil in Falschfarbendarstellung (b) der mit der Spitzenfluenz F_0 = 2,39 J/cm² bestrahlten Ablationszone, um die Ablationsqualität auszuwerten. Es sind eine deutliche Kraterbildung im Zentrum aufgrund der Entfernung des Materials und eine Gratbildung am Rand aufgrund der Volumenausdehnung zu beobachten, was eine photothermische Ablation charakterisiert [51]. Eine andere Erklärung zur Gratbildung anhand von Erstarrung des geschmolzenen Materials wird in [44] vorgestellt. Als Folge der Entstehung von Kratern und Graten ist eine örtlich unpräzise Ablation voraussehbar. [P1]

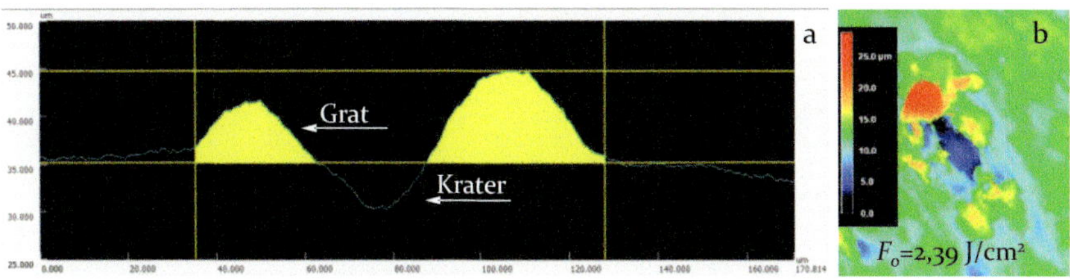

Bild 36: a) Querschnittprofil; b) Höhenprofil der Ablationszonen in Falschfarben, bestrahlt mit einer Fluenz von 2,39 J/cm²

5.3 Experimentelle Bestimmung der optimalen Fluenz zur Erzielung von Effizienz

Um eine effiziente Ablation mit sichergestellter Qualität zu erreichen, wird die optimale Fluenz in diesem Kapitel identifiziert.

In Bild 37 sind die quantitativen Zusammenhänge zwischen der akkumulierten Fluenz F_a und den Qualitätsmerkmalen in Bezug auf die Oberflächenrauheit R_a sowie die Schichtdicke veranschaulicht. Es ist ersichtlich, dass die Fluenz maßgeblich die Qualitätsmerkmale beeinflusst. Dabei fällt auf, dass die Oberflächenrauheit für $F_a < 0{,}35\ \mathrm{J/cm^2}$ nahezu konstant bei $R_a \approx 2\ \mu m$ bleibt. Im Bereich von $F_a \approx 0{,}35\ \mathrm{J/cm^2}$ bis $F_a \approx 0{,}85\ \mathrm{J/cm^2}$ steigt die Oberflächenrauheit von $R_a \approx 2\ \mu m$ bis auf $R_a \approx 10\ \mu m$ an. Für größere Fluenzen weicht die gemessene Oberflächenrauheit von der Regressionslinie ab. Bei der Schichtdicke hingegen ist der umgekehrte Trend zu beobachten, und die Messung zeigt einen charakteristischen Verlauf zur Untersuchung der Abtragseffizienz (Bild 20). Für $F_a < 0{,}35\ \mathrm{J/cm^2}$ nimmt die Schichtdicke bis etwa 10 µm zu. Im Bereich von $F_a \approx 0{,}35\ \mathrm{J/cm^2}$ bis $F_a \approx 0{,}85\ \mathrm{J/cm^2}$ nimmt die Schichtdicke ab. Für $F_a > 0{,}85\ \mathrm{J/cm^2}$ bleibt die Schichtdicke fast konstant bei etwa 4 µm. Daraus ergibt sich, dass die optimale Fluenz bei $F_{0,Optimum} \approx 0{,}35\ \mathrm{J/cm^2}$ festzulegen ist. Bei dieser Fluenz wird die Oberflächenrauheit ihr Minimum und die Schichtdicke ihr Maximum erreichen, und die Laserenergie wird höchst effizient für Ablation umgesetzt. Die dementsprechenden Laserprozessparameter können somit als optimal einstellbare Parameter angesehen werden. Ferner ist klar erkennbar, dass für $F_a > 0{,}85\ \mathrm{J/cm^2}$ die Oberflächenrauheit und Schichtdicke nicht von der Fluenz abhängen. Insofern ist die Effizienz der Ablation vermindert. [P1]

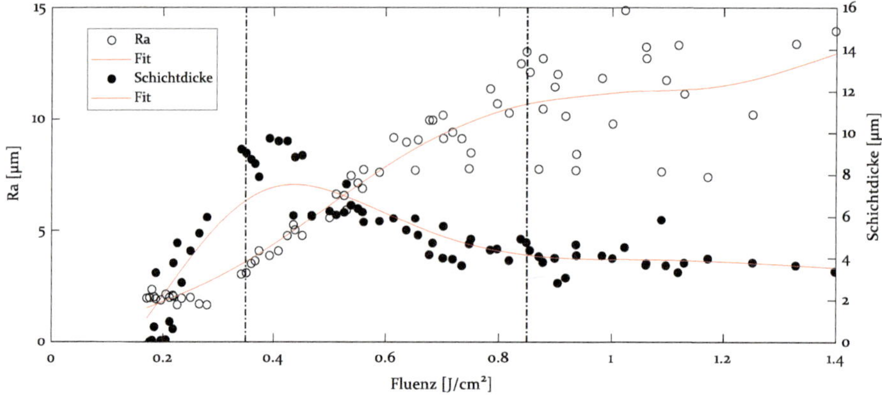

Bild 37: Zusammenhänge zwischen Fluenz, Oberflächenrauheit R_a und Schichtdicke

Diese Ergebnisse können anhand der qualitativen Analyse der Ablationszone erklärt werden, die in Bild 38 für ausgewählte Fluenzen dargestellt ist. Dabei fällt deutlich auf, dass die mit Fluenz $F_a < F_{0,Optimum}$ bestrahlte Oberfläche in Form von Polymerveränderung mit tendenziell kleinerer Oberflächenrauheit charakterisiert werden kann. Allerdings findet keine signifikante Entfernung des Polymers statt (Bild 38 a und b). Hieraus kann schließlich abgeleitet werden, dass sich diese feineren Oberflächenmorphologien sowohl auf die Freilegung von aktiven Metallkeimen als auch auf die Verankerung von Metallpartikeln auf der Ablationszone ungünstig auswirken. Somit ist die Schichtdicke aufgrund der ungünstigen Oberflächenmorphologien entsprechend klein, wobei die Oberflächenrauheit noch gering ist. Steigt die Fluenz weiter bis zur optimalen Fluenz $F_{0,Optimum}$, bei der die höchste Ablationseffizienz erreicht wird, bewirkt die Ablation Krater- und Gratbildung (Bild 38 c). Dadurch lassen sich die meisten aktiven Metallkeime auf der Ablationszone freilegen. Diese Annahme wird durch die in Bild 39 a gezeigte rasterelektronenmikroskopische Aufnahme (REM-Aufnahme) bestätigt, welche die Ablationszone bei der Laserstrukturierung mit einer Fluenz von F_a =0,41 J/cm^2 (liegt nahe an der optimalen Fluenz) erfasst. Hier sind deutlich mehr Cu-Keime auf der Ablationszone zu erkennen. Die hohe Anzahl an freigelegten Cu-Keimen kann die anschließende Metallisierung zum einen durch verbesserte mechanische Haftung von Metallpartikeln auf der Ablationszone und zum anderen durch chemische Reaktionen zwischen Metallpartikeln und aktiven Metallkeimen erleichtern. Dementsprechend erreicht die Schichtdicke ihr Maximum bei der optimalen Fluenz. Wenn die optimale Fluenz überschritten ist, wird die Laserenergie zum Schmelzen des Polymers umgesetzt (Bild 38 d). Folglich können die aktiven Metallkeime durch die Erstarrung des geschmolzenen Polymers wieder umschlossen werden, wodurch die Aktivität des Materials und die Metallisierung beeinträchtigt werden. Diese Annahme wird durch die in Bild 39 b gezeigte REM-Aufnahme bestätigt. Die Anzahl der freigelegten Cu-Keime an der Ablationszone, die bei Laserstrukturierung mit einer Fluenz von F_a = 0,82 J/cm^2 erzeugt wird, ist im Vergleich zur Ablationszone in Bild 39 a deutlich geringer. Diese REM-Aufnahmen wurden vom Lehrstuhl für Glas und Keramik der

FAU zur Verfügung gestellt. Aus diesen Ergebnissen lässt sich folgender Schluss ziehen: Die in diesem Kapitel entwickelte Methode ist geeignet und zuverlässig für die Festlegung der optimalen Fluenz, womit die höchste Ablationseffizienz erreicht werden kann. [P1]

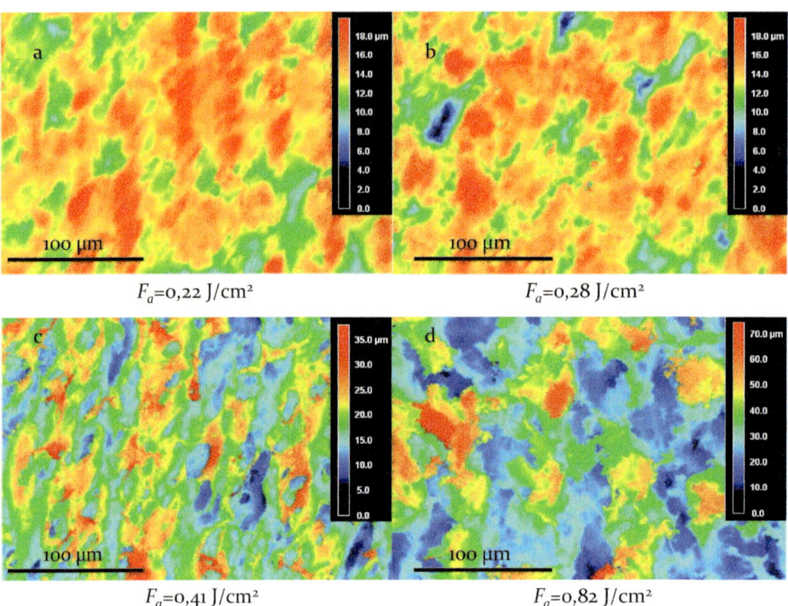

Bild 38: Höhenprofile der Ablationszonen in Falschfarben für unterschiedliche Fluenzen, a) $F_a = 0{,}22$ J/cm²; b) $F_a = 0{,}28$ J/cm²; c) $F_a = 0{,}41$ J/cm²; und d) $F_a = 0{,}82$ J/cm²

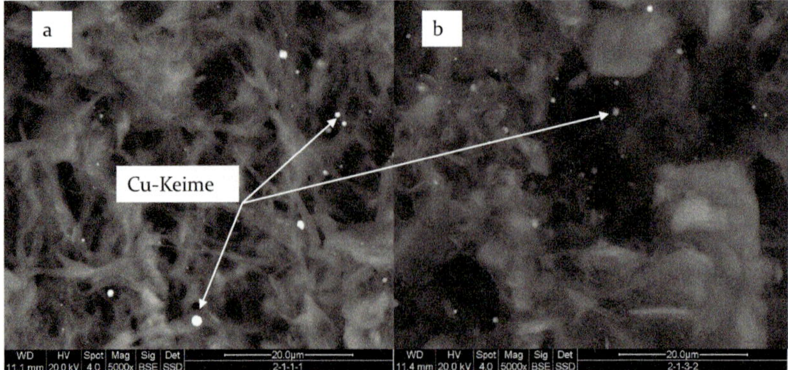

Bild 39: REM-Aufnahmen nach der Laserstrukturierung mit unterschiedlichen akkumulierten Fluenzen, a) $F_a = 0{,}41$ J/cm² und b) $F_a = 0{,}82$ J/cm²

5.4 Auswertung der Simulationsergebnisse

Für die Implementierung der thermischen Simulation werden zunächst die optischen Eigenschaften des Substrats hinsichtlich Absorptionsgrad gemessen, der den in den Festkörper eindringenden Anteil der Laserstrahlung bestimmt. Bild 40 zeigt das Absorptionsspektrum als Funktion der Wellenlänge für LCP®Vetra E840i. Diese Messung wurde am Lehrstuhl für Photonische Technologien der FAU durchgeführt. Zu beobachten ist, dass der Absorptionsgrad von 18,27 % bei einer Wellenlänge von 1064 nm liegt. Für eine weitere Simulation wird ein Absorptionsgrad von 18,27 % verwendet.

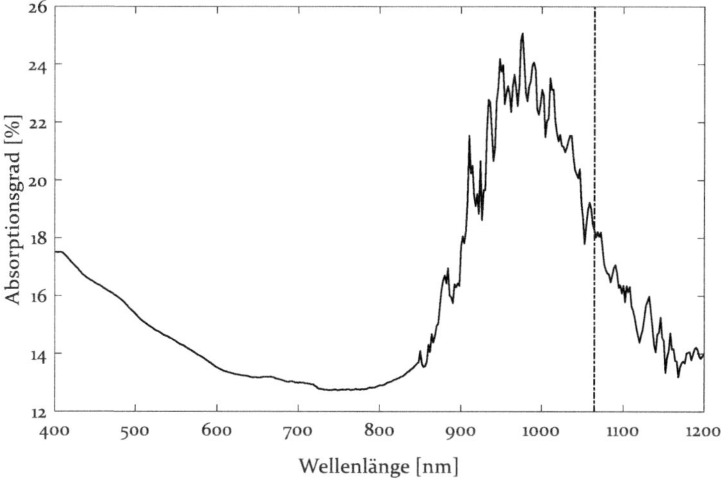

Bild 40: Absorptionsgrad in Abhängigkeit von der Wellenlänge

Nach der Umsetzung der Simulationen werden verschiedene Temperaturverteilungen dargestellt, die quantitativ und qualitativ ausgewertet werden.

Temperaturverteilung in die Tiefe

Bild 41 a zeigt die Temperaturverteilung über die Tiefe z, die direkt nach dem ersten Lastschritt bzw. nach der Pulsdauer abgerufen wird. Die Temperaturverteilung mit exponentiellem Abwärtstrend fällt mit der Absorption von Laserenergie zusammen. Die Temperatur fällt von ihrem Maximum von 1554 °C an der Oberfläche (z = 0 mm) schnell ab. Die Schmelztemperatur T_{cr} = 335 °C ist in Tiefen von z ≪ 1 µm zu erreichen. Bild 41 b zeigt die Temperaturverteilung als

Funktion der Tiefe, die nach dem zweiten Lastschritt ausgewertet wird. Die Temperatur aufgrund der Entladung der Wärmequelle sinkt an der Oberfläche von 1554 °C auf etwa 890 °C. Aufgrund von Wärmeleitung ist die Schmelztemperatur T_{cr} = 335 °C in einer Tiefe von z ≈ 2 µm zu erreichen, die deutlich kleiner als der Strahldurchmesser und die Substratdicke ist. Dies deutet darauf hin, dass die Wärmeleitung durch das Material die Temperaturverteilung nur auf den ersten Mikrometern beeinflusst.

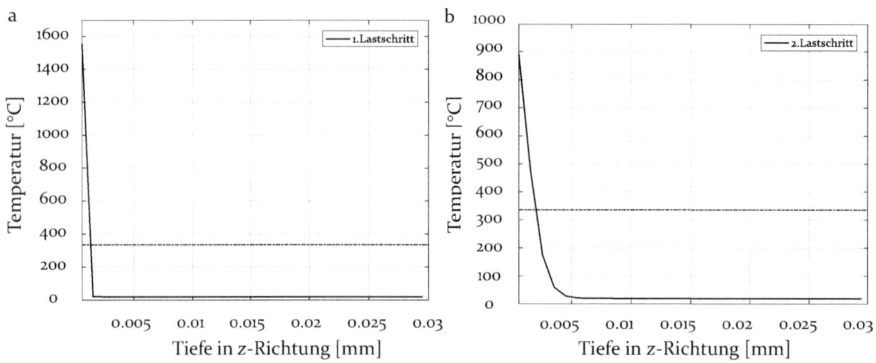

Bild 41: Temperaturverteilung als Funktion der Tiefe: a) nach dem ersten Lastschritt; b) nach dem zweiten Lastschritt

Temperaturverteilung auf der Oberfläche

Bild 42 zeigt aus einer anderen Perspektive die Temperaturverteilung als Funktion der Zeit an verschiedenen Positionen auf der Oberfläche in x-Richtung, einschließlich des Mittelpunkts der Strahlung $(x, y = 0, 0)$, und an Positionen jeweils 0,02 mm und 0,04 mm vom Mittelpunkt der Strahlung entfernt: $(x, y = 0{,}02, 0)$ und $(x, y = 0{,}04, 0)$. Es ist zu erkennen, dass die Temperatur mit zunehmender Entfernung vom Mittelpunkt der Strahlung abnimmt. Am Rand der Strahlung, nämlich an einer Position zwischen $x = 0{,}02$ mm und $x = 0{,}04$ mm, reicht die Laserenergie nicht aus, um das Material bis zur Schmelztemperatur zu erwärmen und im weiteren Verlauf die Ablation zu initiieren.

Es gibt noch die Positionen, an denen die Temperatur zu jedem Zeitpunkt im Zeitraum des zweiten Lastschritts über der Schmelztemperatur liegt. Am Ende des zweiten Lastschritts wird die Temperatur jedes Elements überprüft. Das Element wird entfernt, wenn die simulierte Temperatur die Schmelztemperatur überschritt. Dadurch wird eine neue Oberfläche erzeugt. Die Temperaturverteilung auf der neuen Oberfläche des verbleibenden Materials ist in der folgenden Bild 43 qualitativ dargestellt.

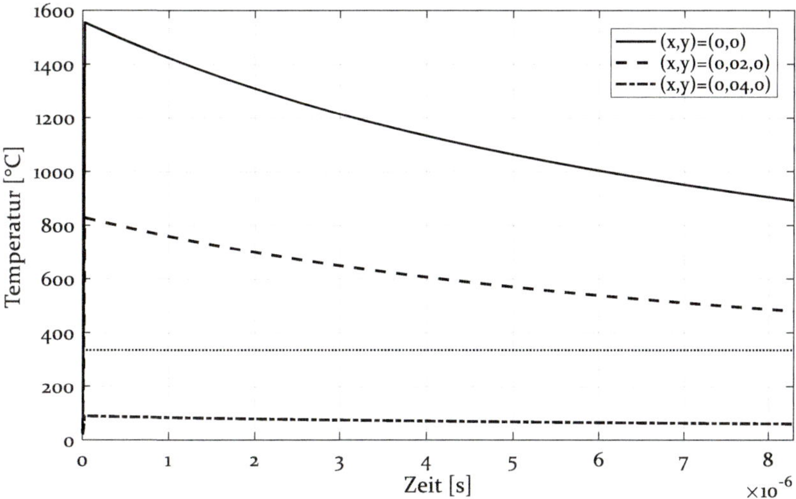

Bild 42: Temperaturverteilungen als Funktion der Zeit an verschiedenen Positionen auf der Oberfläche

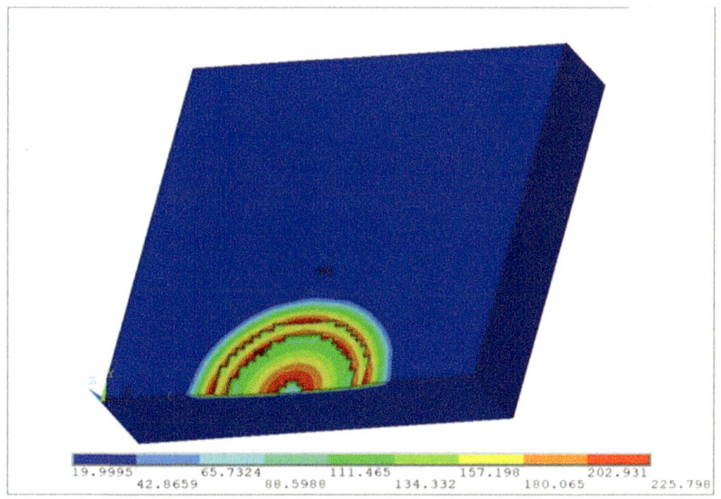

Bild 43: Temperaturverteilung auf der Oberfläche des verbleibenden Materials nach dem zweiten Lastschritt

Allerdings ist die Temperatur einiger Positionen auf der neuen Oberfläche immer höher als die Raumtemperatur, was aus dem Anteil der nicht im Ablationsvorgang umgesetzten Laserenergie herrührt. An solchen Positionen kann die Wärme aufgrund der nicht umgesetzten Laserenergie vor dem Auftreffen des nachfolgenden Laserpulses auf die Oberfläche nicht rechtzeitig in das Material abgeführt werden, wodurch Wärmeakkumulation verursacht wird. Die Wärmeakkumulation, die wesentlich von der Bewegungsgeschwindigkeit und Pulswiederholfrequenz bestimmt wird, wirkt sich auf die Ablation nachfolgender Pulse aus [113].

Einfluss der Leistung auf die Temperaturverteilung

In Bild 44 ist die Abhängigkeit der Temperaturverteilung an der Oberfläche von der Zeit für die variierte Laserleistung von 2 W, 4 W und 6 W dargestellt. Die Bewegungsgeschwindigkeit und Pulswiederholfrequenz werden jeweils auf 1200 mm/s und 120 kHz festgesetzt. Zunächst ist anzumerken, dass die Temperatur in den Fällen aller ausgewählten Leistungen innerhalb des betrachteten Zeitraums höher als die Schmelztemperatur von 335 °C ist. Dies stellt eine ausreichende Laserenergie zum Auslösen des Ablationsprozesses sicher. Ferner ist zu beobachten, dass die Temperatur sich mit steigender Leistung von 2 W bis 6 W erhöht. Der Grund dafür ist, dass die Erhöhung der Leistung nach Gleichung (26) eine eindeutige Zunahme der Fluenz bewirkt. Je höher die Fluenz ist, desto mehr Laserenergie wird im Material eingekoppelt.

Bild 45 zeigt die Temperaturverteilung als Funktion der Tiefe für die variierte Laserleistung von 2 W, 4 W und 6 W. Es ist zu erkennen, dass die Schmelztemperatur in allen Fällen in Tiefen von weniger als 2,5 µm zu erreichen ist. Weiterhin fällt auf, dass die Tiefe, in der die Schmelztemperatur zu erreichen ist, sich mit zunehmender Leistung von 2 W bis 6 W vergrößert. Bei einer Leistung von 6 W ist die zum Schmelzen erzielte Tiefe mit etwa 3,5 µm um etwa 66 % größer als bei 2 W mit etwa 1,2 µm. Der Unterschied von 66 % weist auf eine signifikante Korrelation zwischen Leistung und Temperaturanstieg hin. Demzufolge kann die Auswirkung der Leistung auf den Ablationsvorgang durch die gezielte Einstellung der Leistung effizient kontrolliert werden, sodass die Ablationsqualität kontrollierbar ist.

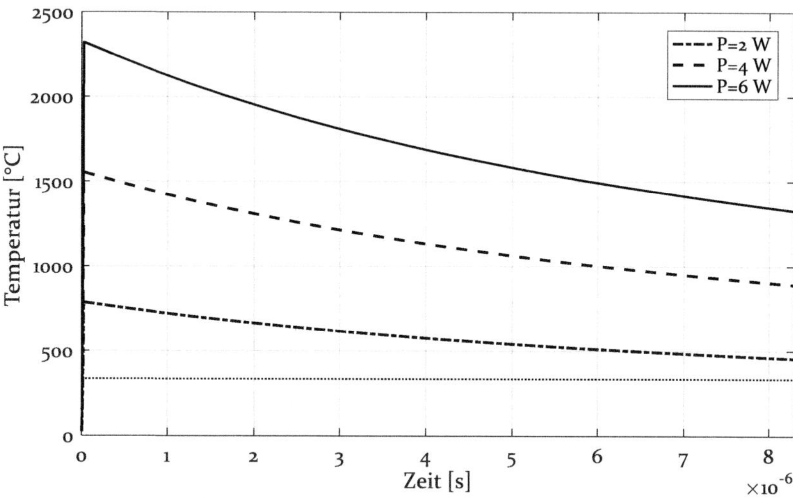

Bild 44: Abhängigkeit der Temperaturverteilung von der Zeit für die variierte Leistung von 2 W über 4 W bis zu 6 W

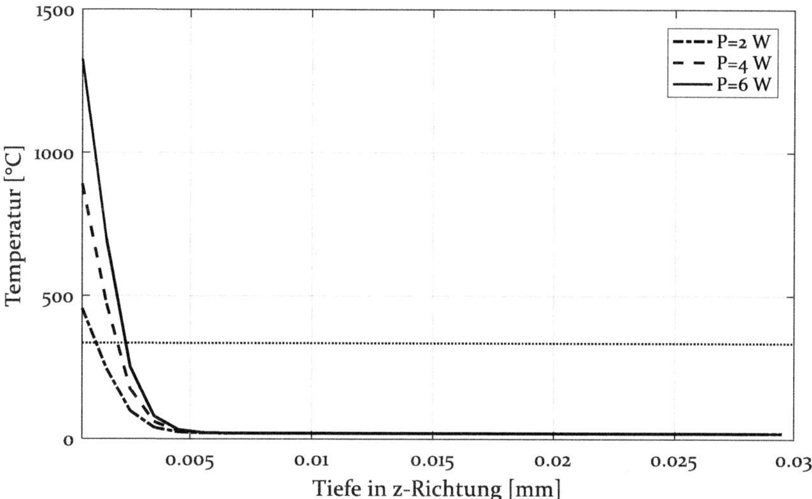

Bild 45: Temperaturverteilung als Funktion der Tiefe für die variierte Laserleistung von 2 W über 4 W bis zu 6 W

Einfluss der Pulswiederholfrequenz auf die Temperaturverteilung

Der Einfluss der Pulswiederholfrequenz auf die Temperaturverteilung an der Oberfläche ist in Bild 46 zu erkennen, wobei die Abhängigkeit der Temperaturverteilung von der Zeit für die variierte Pulswiederholfrequenz von 60 kHz über 120 kHz bis zu 180 kHz aufgezeigt ist. Hierfür wird die Laserleitung mit 4 W und die Bewegungsgeschwindigkeit mit 1200 mm/s festgelegt. In allen ausgewählten Fällen liegt die Temperatur an der Oberfläche über der Schmelztemperatur von 335 °C. Ferner tendiert die Temperatur an der Oberfläche dazu, mit reduzierter Pulswiederholfrequenz anzusteigen. Nach Gleichung (26) ist zu erkennen, dass die Pulswiederholfrequenz sich negativ auf die Fluenz auswirkt. Daraus resultiert eine abnehmende Fluenz mit zunehmender Pulswiederholfrequenz und somit eine abnehmende Temperatur.

In Bild 47 ist der negative Einfluss der Pulswiederholfrequenz anhand der Darstellung der Temperaturverteilung als Funktion der Tiefe für die variierte Pulswiederholfrequenz von 60 kHz über 120 kHz bis zu 180 kHz zu erkennen. Die Kurve verschiebt sich mit reduzierter Pulswiederholfrequenz nach rechts. Die Schmelztemperatur liegt bei einer Pulswiederholfrequenz von 60 kHz in 3,5 µm Tiefe, während bei 180 kHz in 1,5 µm Tiefe liegt. Aufgrund des Unterschieds ist der Einfluss der Pulswiederholfrequenz auf die Temperaturverteilung als signifikant einzustufen. Deswegen kann der genaue Temperaturanstieg bzw. die präzise Ablationsqualität durch die Kontrolle der Pulswiederholfrequenz ermöglicht werden.

Hervorzuheben ist, dass die Temperatur bei allen ausgewählten Pulswiederholfrequenzen innerhalb von zwei Lastschritten nicht auf die Raumtemperatur abgekühlt werden kann. Mit Bewegungsgeschwindigkeit von 1200 mm/s beträgt die Pulsüberlappung bei einer Frequenz von 60 kHz über 120 kHz bis zu 180 kHz zwischen 75 % und 92 %. Dies deutet auf eine nicht vermeidbare Wärmeakkumulation im betrachteten Zeitraum hin, wodurch die Ablationseffizienz aufgrund der Vorheizung des Materials ansteigern kann [113].

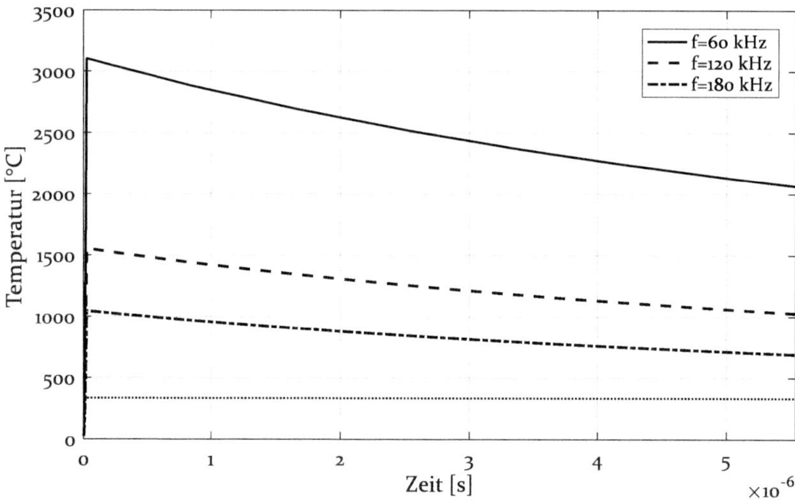

Bild 46: Abhängigkeit der Temperaturverteilung von der Zeit für die variierte Pulswiederholfrequenz von 60 kHz über 120 kHz bis zu 180 kHz

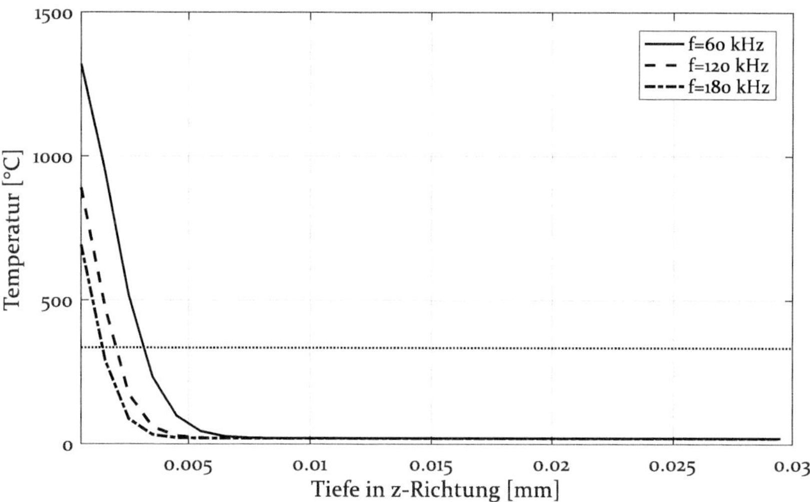

Bild 47: Temperaturverteilung als Funktion der Tiefe für die variierte Pulswiederholfrequenz von 60 kHz über 120 kHz bis zu 180 kHz

6 Bewertung und Evaluierung der Auswirkung des LDS®-Verfahrens auf PIM

In diesem Kapitel werden die Ergebnisse zur Evaluierung der Einsetzbarkeit des LDS®-Verfahrens für die Verbesserung von PIM vorgestellt. In Kapitel 6 wird der Einfluss der Fluenz auf den PIM-Pegel vorgestellt. In Kapitel 6.2 wird die qualitative und quantitative Auswertung der Zusammenhänge zwischen den Laserprozessparametern und dem PIM-Pegel präsentiert. Die Einflüsse der Laserprozessparameter auf die Qualitätsmerkmale werden in Kapitel 6.3 ausgewertet. Die Kapitel 6.4 und 6.5 widmen sich der Auswertung der Beziehung zwischen den Qualitätsmerkmalen unter Einbeziehung von Ni-Schichtdicke und PIM-Pegel. Schließlich wird in Kapitel 6.6 das analytische Modell zur Vorhersage des PIM-Pegels beurteilt.

6.1 Quantifizierung des Zusammenhangs zwischen Fluenz und PIM-Pegel

Die Quantifizierung des eindimensionalen Zusammenhangs zwischen Fluenz und PIM-Pegel erfolgt anhand von Regressionsverfahren, worüber das Beschreibungsmodell abgeleitet wird. In dieser Arbeit werden unterschiedliche Formen der Regression untersucht, einschließlich der linearen, der quadratischen (polynomische mit Grad 2) und der exponentiellen Regression, um die optimale Anpassung herauszufinden. Die Bewertung von Regression erfolgt anhand MSE und R^2. Nach Vergleich wird die quadratische Regression mit geringster MSE und größtem R^2 für die Beschreibung des Zusammenhangs ausgewählt.

Das Beschreibungsmodell der quadratischen Regression weist die Form auf, die durch Gleichung (70) ausgedrückt werden kann:

$$y = c_0 + c_1 x + c_2 x^2 \tag{70}$$

Dabei sind c_0, c_1 und c_2 die Regressionskoeffizienten. Die erhaltenen Regressionskoeffizienten und berechneten MSE für alle Beschreibungsmodelle sind in Tabelle 8 zusammengefasst. Es sind

61,4 %, 55,3 % und 70,6 % der Änderung des entsprechenden PIM-Pegels auf die Fluenz zurückzuführen. Die restliche Änderung kann durch andere, nicht betrachtete Einflussgrößen erklärt werden.

Tabelle 8: Zusammengefasste Regressionskoeffizienten und entsprechende MSE

	c_0	c_1	c_2	**MSE**	R^2
PIM-LTE	-60,18	-42,06	21,83	1,19	0,641
PIM-EGSM	-58,78	-40,14	20,36	1,69	0,553
PIM-DCS	-41,50	-56,35	29,77	1,35	0,706

Bild 48 stellt graphisch die experimentell bestimmte und angepasste Abhängigkeit des PIM-Pegels von der Fluenz dar. Die Datenpunkte repräsentieren den experimentell gemessenen PIM-Pegel in den Frequenzbereichen um 700 MHz (LTE), 900 MHz (EGSM 900) und 1800 MHz (DCS). Die ermittelten Regressionskurven sind an die Datenpunkte angepasst. Im Allgemeinen ist eine möglichst gute Übereinstimmung von gemessenen und angepassten PIM-Pegeln erreicht. Der PIM-Pegel für alle ausgewählten Frequenzbereiche zeigt den gleichen Trend: Der PIM-Pegel nimmt mit erhöhter Fluenz zunächst ab und dann wieder leicht zu. Dabei wird der kleinste PIM-Pegel für alle Frequenzbereiche bei einer Fluenz von ca. 0,9 J/cm² erreicht, die sich als Fluenzschwelle darstellt.

Ferner ist zu erkennen, dass mit steigender Frequenz (von LTE über EGSM bis hin zu DCS) der PIM-Pegel höher bzw. die PIM schlechter wird. Dies kann durch die reduzierte Skintiefe erklärt werden. Wenn die Frequenz ansteigt, nimmt die Skintiefe ab, sodass der Strom hauptsächlich auf die Grenzfläche zwischen Leitung und Substrat begrenzt ist, was zu einer Zunahme des Leistungsverlusts führen kann. Zusätzlich wird mehr erzeugte Wärme in das Substrat abgeführt, was einen dielektrischen Verlust bewirken kann. Außerdem fließt der Strom bei hohen Frequenzen auch in den Gold- und Nickelschichten. Da die Goldschicht sehr dünn ist, beeinflusst die Nickelschicht hauptsächlich die effektive Leitfähigkeit, die deutlich niedriger als die von Kupfer ist. [103] Als Folge daraus erhöht sich der Leitungsverlust.

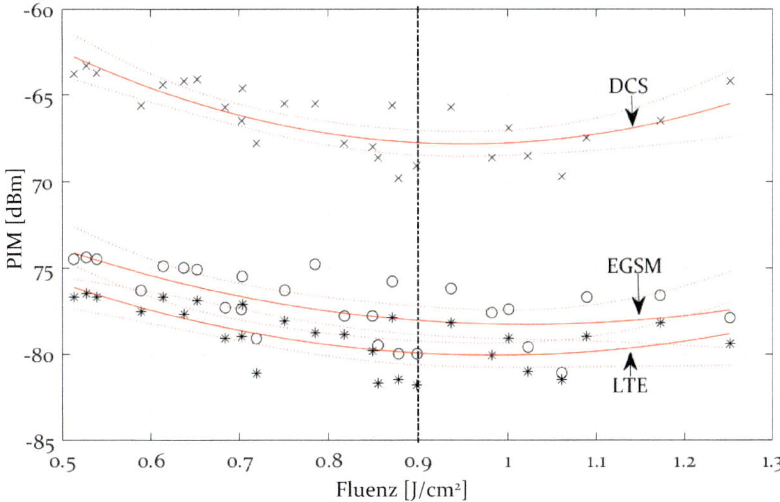

Bild 48: Experimentell bestimmte und angepasste Abhängigkeit des PIM-Pegels von der Fluenz für verschiedene Frequenzbereiche von LTE über EGSM bis hin zu DCS

6.2 Evaluierung des Einflusses der Laserprozessparameter auf den PIM-Pegel

Zur Evaluierung des Einflusses der Laserprozessparameter und zur Ableitung ihres Optimums werden die Zusammenhänge zwischen den Laserprozessparametern und PIM auf qualitative und quantitative Aspekte untersucht.

6.2.1 Qualitative Charakterisierung der Zusammenhänge zwischen den Laserprozessparametern und dem PIM-Pegel

Eine qualitative Betrachtung der Zusammenhänge ist in Bild 49 mit modifiziertem Balkendiagramm aufgeführt. Die Position jedes Quadrats repräsentiert eine Parameterkombination aus Leistung P, Pulswiederholfrequenz f, Bewegungsgeschwindigkeit v und Hatching H. Der Farbton stellt den relativen Wert des PIM-Pegels dar (gemessener PIM-Pegel minus den kleinsten PIM-Pegel aller gemessenen Werte). Somit kann der Unterschied deutlich abgelesen werden. Hierbei ist zu bemerken, dass sich die Laserprozessparameter in gleicher Weise auf die PIM für alle ausgewählten Frequenzbereiche auswirken. Tendenziell kann eine Steigerung der Leistung oder des Hatching zu einer Verbesserung von PIM führen. Dagegen sinkt der PIM-Pegel mit steigender Geschwindigkeit oder Pulswiederholfrequenz.

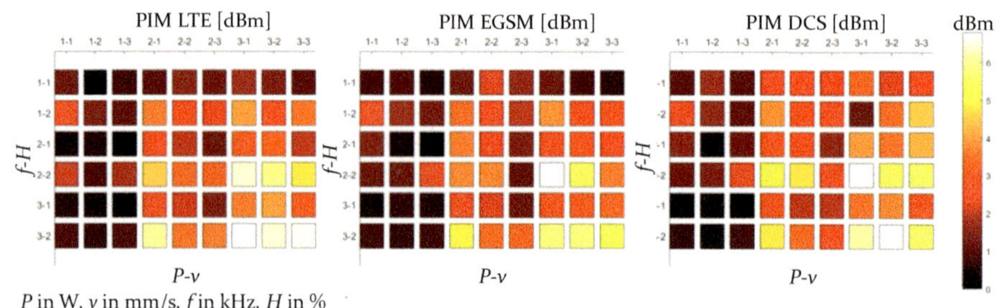

Bild 49: Modifiziertes Balkendiagramm zur qualitativen Darstellung der Einflüsse von Laserprozessparametern auf den PIM-Pegel

6.2.2 Quantitative Charakterisierung der Zusammenhänge zwischen den Laserprozessparametern und dem PIM-Pegel

Aufgrund der Tatsache, dass PIM-LTE niedriger bzw. besser als PIM-EGSM und PIM-DCS ist, wird im Folgenden nur PIM-LTE als Beispiel für die quantitative Auswertung über multiple Regression und KNN dargestellt.

Die Datenqualität wird zunächst verbessert, indem die insgesamt betrachteten Daten um Ausreißer bereinigt werden. In dieser Arbeit kann ein Ausreißer als der Datenpunkt identifiziert werden, dessen Cook'scher Abstand größer als der dreifach mittlere Cook'sche Abstand ist. Der Algorithmus zur Berechnung des Cook'schen Abstands ist in [145] beschrieben. Bild 50 zeigt die graphische Darstellung des Cook'schen Abstands aller Datenpunkte. Die gestrichelte schwarze Linie entspricht dem dreifach mittleren Cook'schen Abstand. Die zwei Datenpunkte, die sich oberhalb der gestrichelten schwarzen Linie befinden, werden als Ausreißer bezeichnet und von den insgesamt betrachteten Daten entfernt:

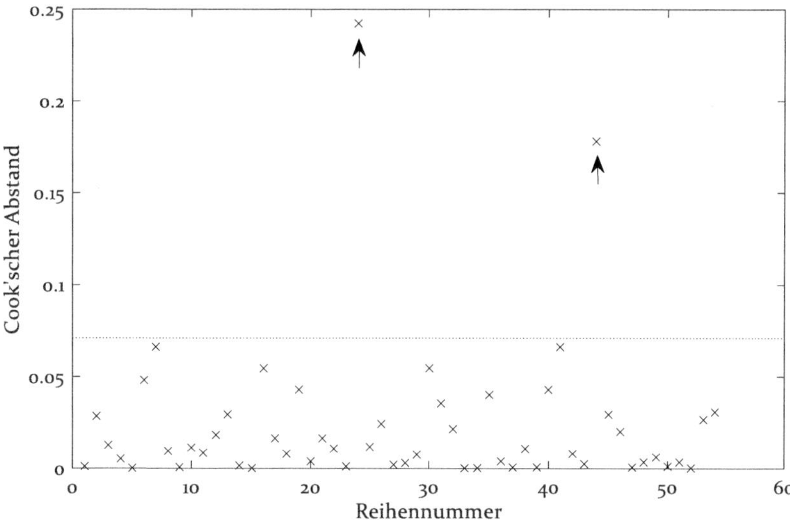

Bild 50: Darstellung des Cook'schen Abstands aller Datenpunkte

Auswertung der Ergebnisse der Regression

Zur Anpassung des Beschreibungsmodells für niedrigdimensionale Daten wird die multiple Regression mit schrittweiser Selektion implementiert, indem die Einflussgrößen in Bezug auf die Laserprozessparameter nacheinander abhängig von ihren Korrelationskoeffizienten in die Analyse einbezogen und iterativ eingefügt oder entfernt werden. Das Beschreibungsmodell kann mit der Gleichung (70) ausgedrückt werden:

$$\mathrm{PIM} = c_0 + c_1 P + c_2 f + c_3 v + c_4 H + c_1 c_2 P \cdot f \ldots c_3 c_4 v \cdot H \quad (71)$$

Dabei sind c_0, c_1, c_2, c_3 und c_4 die Regressionskoeffizienten, und ihr Wert repräsentiert den quantitativen Einfluss jedes entsprechenden Laserparameters.

Modellzusammenfassung

Anhand der Messdaten ist das abgeleitete Beschreibungsmodell unter Einbeziehung aller signifikanten Effekte in Gleichung (72) gezeigt:

$$\begin{aligned}\mathrm{PIM} = -90{,}58 + {} & 4{,}02P + 0{,}09H - 0{,}06f - 0{,}04P \cdot H \\ & - 0{,}02P \cdot v + 1{,}58 \cdot 10^{-3} v\end{aligned} \tag{72}$$

Die Bewertung des Beschreibungsmodells wird mit der Hilfe von R^2 und MSE durchgeführt, die in Tabelle 9 aufgeführt sind. Die berechnete MSE liegt bei 0,13, und der R^2 beträgt 0,95. Mit $R^2 = 0{,}95$ lassen sich 95 % der Änderung des PIM-Pegels mit dem Beschreibungsmodell abdecken. Das heißt, 95 % der Änderung des PIM-Pegels können von den vier Laserparametern gemeinsam erklärt werden. Nur 5 % der Änderung gehen auf die Einflüsse zurück, die nicht in dieser Arbeit betrachtet werden. Durch die geklärten Zusammenhänge kann ein vorgegebener PIM-Pegel durch die Anpassung der Laserprozessparameter erzielt werden.

Tabelle 9: Modellzusammenfassung

	MSE	R^2
Stepwise	0,13	0,95

Haupteffekt

Die Identifizierung und Analyse des Haupteffekts jedes Laserparameters auf den PIM-Pegel erfolgt anhand eines mehrfachen paarweisen Vergleichstests. Bild 51 zeigt das Haupteffektdiagramm zur Darstellung der Wirkung aller Laserprozessparameter auf den PIM-Pegel. Auf der horizontalen Achse sind die zu untersuchenden Laserparameter aufgeführt. Die vertikale Achse stellt den Mittelwert des PIM-Pegels dar. Die Steigung jeder Linie charakterisiert den Effekt, und je steiler sie ist, desto größer ist der Einfluss des Laserprozessparameters.

Anhand von Bild 51 lässt sich gut erkennen, dass der PIM-Pegel sich um etwa 2,7 dBm, 0,8 dBm bzw. 1,6 dBm verringert, wenn die Leistung von 3 W auf 5 W, die Pulswiederholfrequenz von 120 kHz auf 200 kHz oder das Hatching von 55 % auf 75 % ansteigt. Allerdings erhöht sich der PIM-Pegel bei einem Geschwindigkeitsanstieg von 1800 mm/s auf 2200 mm/s um etwa 0,6 dBm, was auf eine Verschlechterung der PIM hinweist. Daraus geht hervor, dass die Leistung der wichtigste technische Parameter ist, der positiv zur Verbesserung von PIM beiträgt, gefolgt von der Überlappung als zweitem und der Pulswiederholfrequenz als drittem Hauptparameter. Die Bewegungsgeschwindigkeit als letzter wichtiger Parameter wirkt sich negativ auf den PIM-Pegel aus. Diese abgeleiteten Ergebnisse sind konsistent mit der in Bild 49 identifizierten Beziehung zwischen jedem Laserprozessparameter und dem PIM-Pegel und werden in Tabelle 10 zusammengefasst.

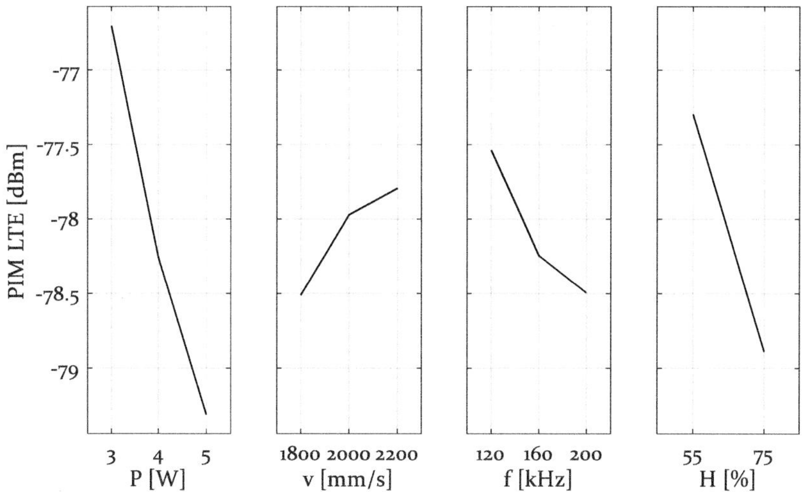

Bild 51: Haupteffektdiagramm zur Darstellung der Wirkung von Laserprozessparametern auf den PIM-Pegel

Tabelle 10: Zusammengefasste Einflüsse der Laserprozessparameter auf den PIM-Pegel

	P ↑	***v*** ↑	***f*** ↑	***H*** ↑
PIM-LTE	1↑	4↓	3↓	2↑
↑ Erhöhung, ↓ Reduzierung Von 1 bis 4 reduziert sich die Wichtigkeit des Parameters				

Besonders hervorzuheben ist, dass bereits eine kleine Abweichung von der Leistung oder vom Hatching zu einer beträchtlichen Änderung des PIM-Pegels führen kann. Allerdings ändert sich der PIM-Pegel relativ insignifikant, wenn sich die Pulswiederholfrequenz oder

Bewegungsgeschwindigkeit ändert. Folglich kann ein relativ stabiles Prozessfenster für die Einhaltung des vorgegebenen PIM-Pegels ermöglicht werden.

Wechselwirkungseffekt

Der Wechselwirkungseffekt beschreibt einen gemeinsamen Effekt aus zwei Einflussgrößen auf die Zielgröße, wenn der Effekt einer Einflussgröße von der anderen Einflussgröße abhängig ist. Wenn die Linien zweier Einflussgrößen nicht parallel verlaufen, weist dies in der Regel darauf hin, dass eine Wechselwirkung zwischen diesen beiden Einflussgrößen besteht. Parallele Linien bedeuten, dass der Effekt der Wechselwirkung nicht signifikant ist.

In Bild 52 sind nur die signifikanten Wechselwirkungseffekte dargestellt. Diese Wechselwirkungseffekte verweisen darauf, dass die Beziehung zwischen der Leistung und dem PIM-Pegel von der Pulswiederholfrequenz und dem Hatching beeinflusst wird.

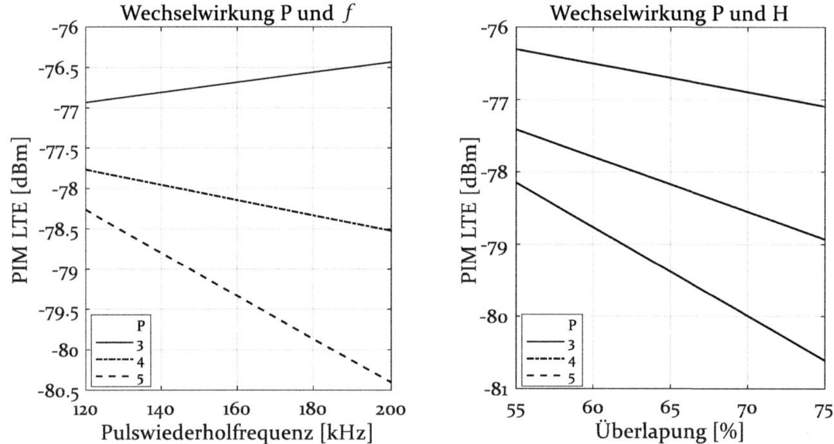

Bild 52: Wechselwirkungsdiagramme zur Visualisierung der gemeinsamen Effekte

Künstliche neuronale Netze

Ein KNN wird erstellt, um einerseits den PIM-Pegel vorhersagen zu können und andererseits die optimalen Parameterkombinationen mit gewünschten Werten ermitteln zu können. Hier werden Modelle als dreischichtige Feedforward-Netze spezifiziert, die mithilfe eines

BP-Algorithmus trainiert werden. Die insgesamt 54 Datensätze werden normalisiert und zufällig aufgeteilt: 70 % für das Training, 15 % für die Validierung und 15 % für den Test.

Die Anzahl der Eingangsneuronen N_{in} und Ausgangsneuronen N_{out} ist durch die jeweilige Anzahl der Eingangsgrößen und Ausgangsgrößen festgelegt. Für die Ermittlung eines möglichst optimalen Modells liegt der Fokus auf der Bestimmung der Anzahl der Neuronen in der versteckten Schicht N_{hidden}. Diese Zahl ist in der Regel abhängig von der spezifischen Anwendung und wird durch eine empirische Gleichung bestimmt. Laut [65] wird die Anzahl der Neuronen der versteckten Schicht N_{hidden} durch die Gleichung (73) beschrieben:

$$N_{hidden} = 0{,}5(N_{in} + N_{out}) + \sqrt{N_{train}} \tag{73}$$

Dabei ist N_{train} die Anzahl der Datensätze. Mit $N_{in} = 4$, $N_{out} = 1$ und $N_{train} = 54$ kommt die Anzahl der Neuronen der versteckten Schicht N_{hidden} auf 8,66. Folglich wird die Anzahl der Neuronen der versteckten Schicht N_{hidden} in dieser Arbeit zwischen 7, 8 und 9 variiert.

Die andere entscheidende Konfiguration zur Qualifizierung des Netzes sind Trainingsfunktionen in der Lernphase. In dieser Arbeit werden die Levenberg-Marquardt-Funktion (LM), die Bayesian-Regularisation-Funktion (BR) und die Scaled-Conjugate-Gradient-Funktion (SCG) als Trainingsfunktionen in der Lernphase getestet. Als Aktivierungsfunktion wird die hyperbolische tangentiale Sigmoidfunktion (tansig) verwendet. Tabelle 11 enthält eine Übersicht der insgesamt neun möglichen Einstellungskombinationen.

Zur Bewertung des Netzes werden die mittlere quadratische Abweichung MSE und der Korrelationskoeffizient eingesetzt, die entsprechend auch als Performance und Regressionsfaktor bezeichnet werden. Bild 53 zeigt die graphischen Darstellungen der Regression von verschiedenen Einstellungen nach Tabelle 11. Die Kreise entsprechen den gemessenen Werten. Die gestrichelte Linie stellt die modellierten Werte aus der Ausgabeschicht dar. Die erhaltenen Regressionsfaktoren R_m bezüglich aller Datensätze liegen für alle Regressionskurven über 0,937.

Der erfasste Regressionsfaktor bezüglich aller Datensätze und die berechnete mittlere quadratische Abweichung jeder Einstellung sind auch in Tabelle 11 aufgelistet. Beim Vergleich unterschiedlicher Einstellungen weist die Einstellung 4 mit 7 Neuronen in der versteckten Schicht und BR als Trainingsfunktion den höchsten R_m von 0,990 und die kleinsten MES von 0,052 auf und verspricht deswegen die beste Prognosefähigkeit.

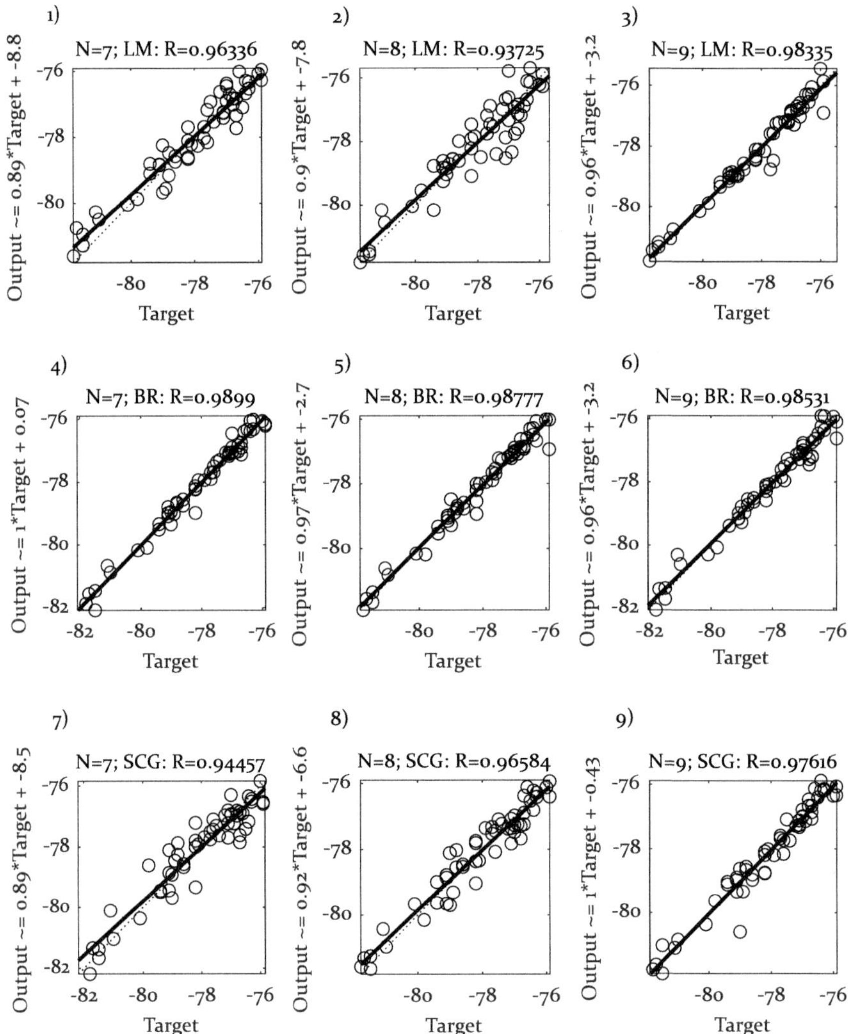

Bild 53: Regressionsdiagramme zum Vergleich verschiedener Netze

Tabelle 11: Übersicht der Einstellungskombinationen für die KNN

Einstellung	Trainingsfunktion	N_{hidden}	MSE	R_m
1	LM	7	0,186	0,963
2	LM	8	0,306	0,937
3	LM	9	0,084	0,983
4	BR	7	0,052	0,990
5	BR	8	0,062	0,989
6	BR	9	0,074	0,985
7	SCG	7	0,270	0,945
8	SCG	8	0,169	0,966
9	SCG	9	0,125	0,976

Nach dem Vergleich ist zu erkennen, dass der in Tabelle 12 dargestellte Modellierungsaufbau in der Lage ist, sich dem gewünschten Modell anzunähern und die Anforderung der möglichst optimalen Vorhersage zu erfüllen. Diese Einstellung kann bei der Vorhersage des PIM-Pegels mit gegebenen Laserprozessparametern angewendet werden.

Tabelle 12: Festgelegter Modellierungsaufbau

Aufbau	Aktivierungsfunktion	Trainingsfunktion
4-7-1	tansig	br

Optimierung der Laserprozessparameter

Die Optimierung der Laserprozessparameter zur Erzielung möglichst niedriger PIM-Pegel erfolgt anhand des festgestellten Netzes mit dem Aufbau in Tabelle 12. Es werden alle möglichen Parameterkombinationen nacheinander in das trainierte künstliche neuronale

Netz eingegeben und das Ergebnis in einer Variablen gespeichert. Sobald eine Ausgabe die bisher als bestes Ergebnis gespeicherte übertraf, wird diese als die beste gespeichert. Dabei wird die Leistung im Bereich von 3 W – 5 W in Schritten von 0,1 W variiert. Die Geschwindigkeit im Bereich von 1800 mm/s und 2200 mm/s, die Pulswiederholfrequenz im Bereich von 120 kHz und 200 kHz und die Überlappung im Bereich von 55 % und 70 % werden jeweils in Schritten von 100 mm/s, 10 kHz und 0,1 % variiert. Die Parametereinstellung zur Optimierung zeigt Tabelle 13.

Tabelle 13: Parametereinstellung zur Optimierung der Laserprozessparameter zur Erzielung eines minimalen PIM-Pegels

zu suchendes Objekt	Einstellung von *P*, *v*, *f*, *H*
Ziel	Minimierung von PIM $= f\ (P, v, f, H)$
	$3 \leq P \leq 5$ W $1800 \leq v \leq 2200$ mm/s $120 \leq f \leq 200$ kHz $55 \leq H \leq 70$ %

Nach der Optimierung ist die Parameterkombination aus einer Leistung von 5 W, einer Bewegungsgeschwindigkeit von 1800 mm/s, einer Pulswiederholfrequenz von 200 kHz und einer Überlappung von 70 % die optimale Einstellung zur Erzielung eines niedrigen PIM-LTE.

Besonders hervorzuheben ist, dass die optimierte Parameterkombination zur Erzielung niedriger PIM-Pegel für alle ausgewählten Frequenzbereiche identisch ist: eine Leistung von 5 W, eine Bewegungsgeschwindigkeit von 1800 mm/s, eine Pulswiederholfrequenz von 200 kHz und eine Überlappung von 70 %.

6.3 Evaluierung des Einflusses der Laserprozessparameter auf die Qualitätsmerkmale

Die Evaluierung der Zusammenhänge zwischen den Laserprozessparametern und den Qualitätsmerkmalen erfolgt anhand multipler Regression.

In Bild 54 ist die Auswirkung der einzelnen Laserprozessparameter auf die Oberflächenrauheit in einem Haupteffektdiagramm dargestellt. Es ist zu erkennen, dass eine steigende Leistung oder ein steigendes Hatching eine rauere Oberfläche verursacht, während eine zunehmende Bewegungsgeschwindigkeit oder Pulswiederholfrequenz zu einer glatteren Oberfläche führt.

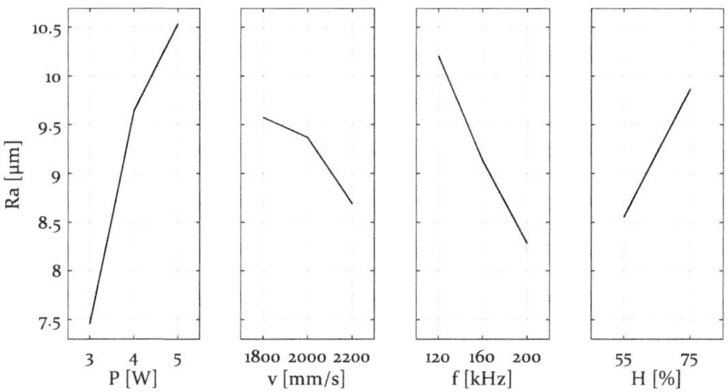

Bild 54: Haupteffektdiagramm zur Darstellung der Wirkung von Laserprozessparametern auf die Oberflächenrauheit

In Bild 55 sind die Zusammenhänge der einzelnen Laserprozessparameter und der Cu-Schichtdicke in einem Haupteffektdiagramm dargestellt. Es ist zu erkennen, dass die Erhöhung der Leistung oder des Hatchings einen negativen Effekt auf die Cu-Schichtdicke hat. Hingegen wirkt sich die Bewegungsgeschwindigkeit oder Pulswiederholfrequenz positiv auf die Cu-Schichtdicke aus.

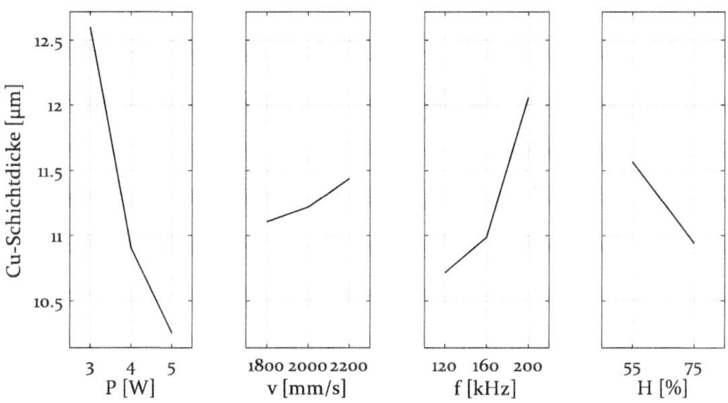

Bild 55: Haupteffektdiagramm zur Darstellung der Wirkung von Laserprozessparametern auf die Cu-Schichtdicke

Die beiden umgekehrten Trends können durch den Einfluss der Fluenz auf die Oberflächenrauheit und die Cu-Schichtdicke unter Berücksichtigung von Gleichung (26) erklärt werden, was schon ausführlich in Kapitel 5.3 erfolgte. In Bild 56 lassen sich die Trends mittels eines modifizierten Balkendiagramms veranschaulichen.

Ferner lässt sich in Bild 54 und Bild 55 gut erkennen, dass die Leistung den größten Einfluss auf die Oberflächenrauheit und Cu-Schichtdicke hat, der Einfluss der Pulswiederholfrequenz geringer ausfällt, und das Hatching und die Bewegungsgeschwindigkeit jeweils den dritt- und viertkleinsten Einfluss ausüben. Diese Ergebnisse sind in Tabelle 14 zusammengefasst. Basierend auf der Erkenntnis, dass die Oberflächenrauheit und Cu-Schichtdicke von Laserprozessparametern beeinflusst werden, ist zu erwarten, dass der Leitungsverlust durch die Variierung der Laserparameter gezielt kontrolliert werden kann.

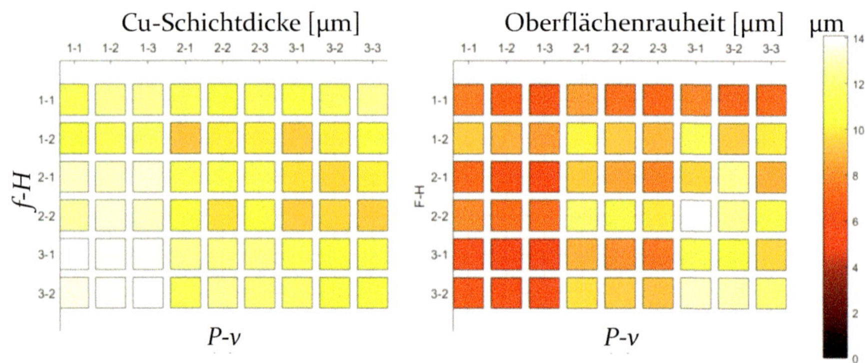

Bild 56: Modifiziertes Balkendiagramm zur qualitativen Darstellung der Einflüsse von Laserprozessparametern auf die Cu-Schichtdicke und Oberflächenrauheit

Tabelle 14: Zusammengefasster Einfluss der Laserprozessparameter auf die Qualitätsmerkmale

	P ↑	***v*** ↑	***f*** ↑	***H*** ↑
Ra	1↑	4↓	2↓	3↑
Cu-Schichtdicke	1↓	4↑	2↑	3↓
↑ Erhöhung, ↓ Reduzierung				

6.4 Evaluierung des Einflusses der Qualitätsmerkmale auf den PIM-Pegel

Der Einfluss der Oberflächenrauheit und Cu-Schichtdicke auf den PIM-Pegel wird in dieser Arbeit separat und unabhängig identifiziert. Bild 57 zeigt die Auswirkungen der beiden Merkmale auf den PIM-Pegel. Es ist ersichtlich, dass der PIM-Pegel negativ mit der Oberflächenrauheit, jedoch positiv mit der Cu-Schichtdicke korreliert.

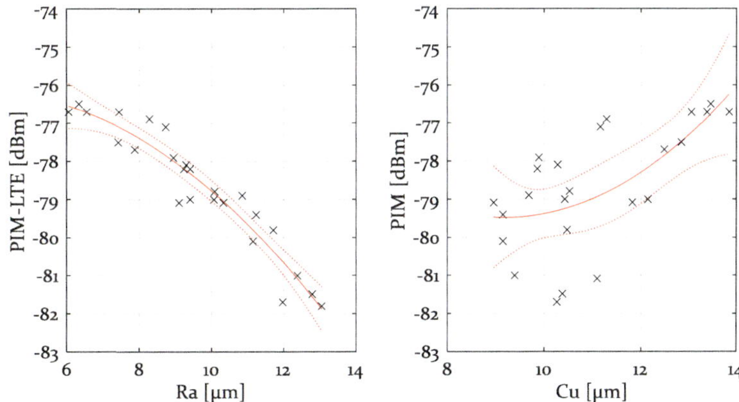

Bild 57: Experimentell bestimmte und angepasste Abhängigkeit des PIM-Pegels von der Oberflächenrauheit und Cu-Schichtdicke

Es ist allgemein anerkannt, dass eine rauere und dünnere Kupferschicht an der Grenzfläche zum Grundmaterial im Allgemeinen eine schlechtere PIM verursacht [13][88]. Die Ergebnisse dieser Arbeit zeigen jedoch die entgegengesetzte Aussage, dass durch die Erhöhung der Oberflächenrauheit oder Verringerung der Cu-Schichtdicke eine Verbesserung der PIM ermöglicht werden kann. Der Grund liegt in Folgendem:

Zunächst sind die in der Literatur eingesetzten Mikrostreifenleitungen durch eine galvanische Abscheidung der Kupferschicht oder aus gewalzter Kupferfolie hergestellt. Die Oberflächenrauheit und die Schichtdicke können unabhängig voneinander analysiert werden. Jedoch korrelieren in dieser Arbeit die Oberflächenrauheit und die Cu-Schichtdicke miteinander (siehe Bild 37). Die beiden Qualitätsmerkmale können abhängig voneinander beeinflusst werden, da die Laserparameter auf sie entgegengesetzt einwirken (siehe Bild 54 und Bild 55). Das heißt, sie haben einen gemeinsamen Effekt auf die PIM.

Zweitens ist nach einer optischen Charakterisierung eine periodische Oberflächenstruktur an der Oberfläche, nämlich die eng aneinander liegenden parallelen Linien, zu erkennen. Bild 58 enthält die mikroskopischen Aufnahmen der Oberflächenmorphologie von Mikrostreifenleitungen, die mit verschiedenen Fluenzen behandelt wurden. Es ist zu erkennen, dass die periodische Oberflächenstruktur mit steigender Fluenz zu verschwinden tendiert. Mit den Ergebnissen in Kapitel 5.3 ist nachgewiesen, dass die Oberflächenrauheit mit steigender Fluenz zunimmt. Das deutet darauf hin, dass mit zunehmender Oberflächenrauheit die Offensichtlichkeit der periodischen Oberflächenstruktur abnimmt. Die periodische Oberflächenstruktur der Metallschicht wird durch die Laserstrukturierung erzeugt und spiegelt sich in der Grenzfläche zum Substratmaterial wider. Bei hohen Frequenzen leitet das Dielektrikum des Substrats das elektrische Feld. Aufgrund des Skin-Effekts wird der Strom an die Grenzfläche zwischen Leitung und Substrat verdrängt. Für den Strom, der sich nahe der Grenzfläche ausbreitet, verursacht die mit der periodischen Oberflächenstruktur versehene Grenzfläche eine inhomogene und anisotrope Verteilung der Stromlinien, woraus eine Zunahme des Leistungsverlusts resultiert und im weiteren Verlauf die PIM verursacht wird. Allerdings verschwinden diese periodischen Oberflächenstrukturen, wenn die Oberflächenrauheit sich erhöht. Das heißt, dass die Kontaktfläche zunimmt und die Kontaktpunkte abnehmen. Eine solche Oberflächenmorphologie ist zwar relativ rau, aber ungünstig für die Erzeugung eines richtungsabhängigen Stromlinienverlaufs, sodass die Entstehung von PIM unterdrückt wird.

Ferner können mikroskopische Störstellen wie Poren und Mikrolücken im deponierten Cu/Ni/Au-Metallsystem als Erklärung für einen höheren PIM-Pegel gelten. Wie aus Bild 59 hervorgeht, befinden sich viele Poren und Mikrolücken in der durch die chemische außenstromlose Metallisierung erzeugten Kupferschicht. Die Anzahl der Poren und Mikrolücken kann deutlich mit steigender Schichtdicke zunehmen, wodurch sich der Leitungsverlust erhöht und der PIM-

Pegel steigt. Außerdem verkürzt sich mit der Abnahme der Schichtdicke die Wärmeabfuhr von der oberen Oberfläche bis zu der unteren metallisierten Oberfläche, was einen kleineren thermischen Widerstand und damit einen kleineren PIM-Pegel bewirken kann.

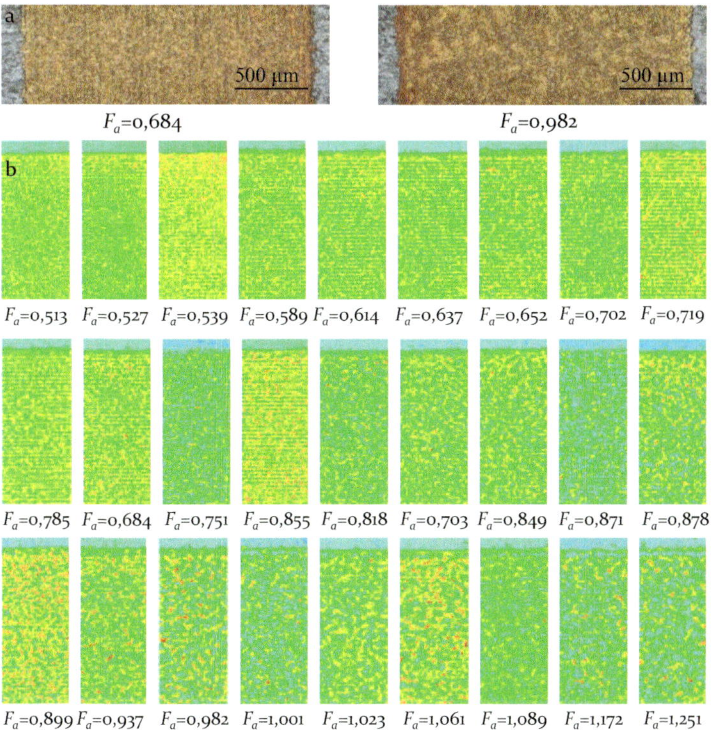

Bild 58: Mikroskopische Aufnahmen der Oberflächenmorphologie von Mikrostreifenleitungen für verschiedene Fluenzen: a) reale Aufnahmen der Oberflächen einer Metallschicht; b) mikroskopische Aufnahmen in Falschfarbe

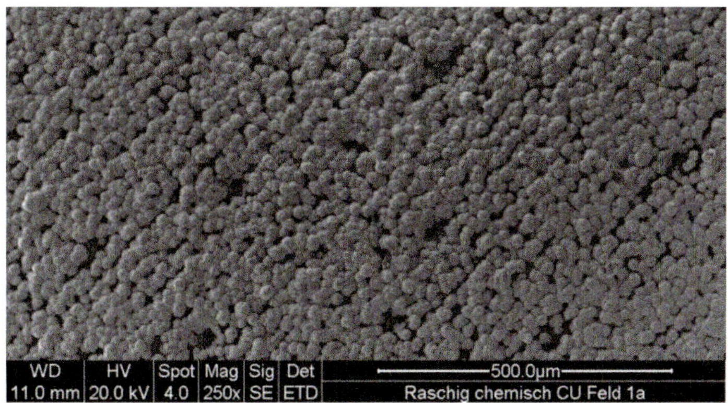

Bild 59: REM-Aufnahme der mit Kupfer beschichteten Oberflächen

Um die Korrelationen zu validieren, werden anhand einer Versuchsplanung nach der Methode nach Taguchi neue Versuchsproben hergestellt und charakterisiert. Insgesamt werden 9 Versuche durchgeführt. Die Ergebnisse sind in Bild 60 zu sehen, wobei der PIM-Pegel als Funktion der Oberflächenrauheit und Cu-Schichtdicke aufgetragen sind. Es ist zu erkennen, dass sich Oberflächenrauheit negativ und eine höhere Cu-Schichtdicke positiv auf den PIM-Pegel auswirkt. Wie in Bild 57 gezeigt, wirken sich die beiden Qualitätsmerkmale in gleicher Weise auf den PIM-Pegel aus.

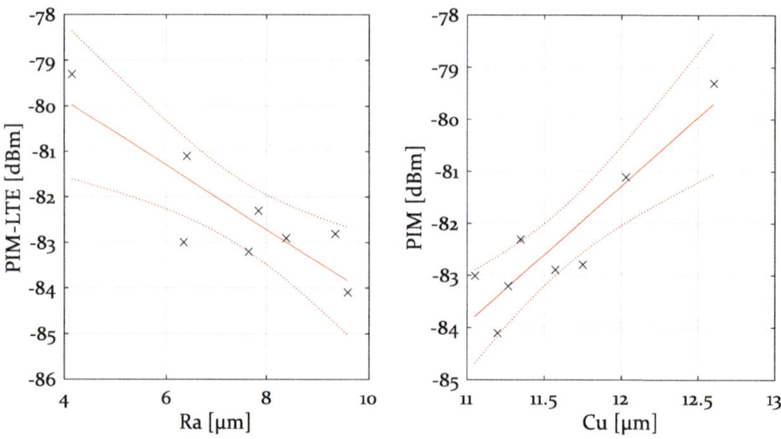

Bild 60: Experimentell bestimmte und angepasste Abhängigkeit des PIM-Pegels von der Oberflächenrauheit und Cu-Schichtdicke nach Taguchi

6.5 Evaluierung des Einflusses der Ni-Schichtdicke auf den PIM-Pegel

Aufgrund der schlechten thermischen und elektrischen Eigenschaften im Vergleich zu Kupfer, Silber und Gold kann Nickel als ferromagnetischer Werkstoff zur Erhöhung des PIM-Pegels führen. In Tabelle 15 sind die Eigenschaften der in dieser Arbeit verwendeten Metalle aufgeführt. Da die Nickelschicht Teil des Cu/Ni/Au-Metallsystems ist, ist es notwendig, ihren Einfluss auf den PIM-Pegel zu bestimmen. Dafür werden in der zweiten Versuchsrunde neue Versuchsproben mit dünnerer Ni-Schichtdicke durch die Verkürzung der Metallisierungszeit hergestellt, wobei dieselben Laserprozessparameter wie in der ersten Versuchsrunde eingestellt werden, jedoch mit einem fixierten Hatching von 55 %, wie in Tabelle 5 zu sehen. Durch die Auswahl derselben Laserprozessparameter kann sichergestellt werden, dass sich die Laserprozessparameter in beiden Versuchsrunden in gleicher Weise auf die Schichtdicke auswirken. Gleichzeitig werden auch die mit Cu/Ag metallisierten Versuchsproben hergestellt, wobei die Ni-Schichtdicke als null definiert ist.

Tabelle 15: Eigenschaften der in dieser Arbeit verwendeten Metalle [12, 146].

Materialeigenschaft	**Cu**	**Ni**	**Ag**	**Au**
Dichte ρ_d [kg/m³]	8960	8908	10490	19320
Wärmekapazität C_p [J/(kg·K)]	385	452	240	129
Wärmeleitfähigkeit k [W/(m·K)]	385	88,5	406	314
Temperaturkoeffizient α_T [1/K]	0,00393	0,0068	0,0038	0,00404
Resistivität ρ [µΩ·cm]	1,7	6,9	1,6	2,2

In Bild 61 ist der gemessene PIM-Pegel in Abhängigkeit von der Fluenz unterschiedlicher Ni-Schichtdicken dargestellt. Zunächst ist anzumerken, dass die Ni-Schichtdicke aller Versuchsproben in der ersten Runde in einer Größenordnung von etwa 4,2 µm liegt, während sie in der zweiten Runde in einer Größenordnung von etwa 2,4 µm liegt. Dieser Unterschied führt zu einer Größenvariation des PIM-Pegels. Wie gezeigt, ist der PIM-Pegel der Versuchsproben in der ersten Runde mit einer Ni-Schichtdicke von etwa 2,4 µm (- 83 dBm ~ -88 dBm) deutlich niedriger als die in der zweiten Runde mit einer Ni-Schichtdicke von etwa 4,2 µm (- 76 dBm ~ -82 dBm). Der Grund hierfür ist, dass Nickel eine schlechtere elektrische Leitfähigkeit besitzt, wodurch mehr Leitungsverluste verursacht werden können [103]. Das Ergebnis weist darauf hin, dass der PIM-Pegel durch die dünnere Nickelschicht reduziert werden kann. Folglich ist die Optimierung der Prozessparameter zur Sicherstellung einer geringeren Ni-Schichtdicke für die Verbesserung der PIM von großer Bedeutung.

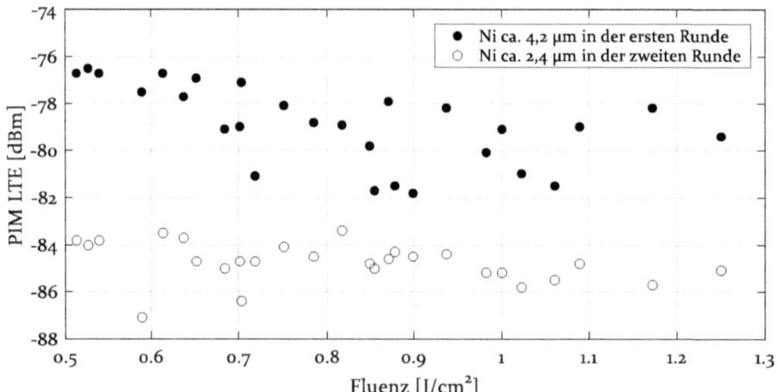

Bild 61: Vergleich des PIM-LTE als Funktion der Fluenz für unterschiedliche Ni-Schichtdicken

In Bild 62 ist der PIM-Pegel gegen die Ni-Schichtdicke aufgetragen. Es ist zu bemerken, dass der PIM-Pegel aller mit Nickel metallisierten Proben größer als -95 dBm ist. Die Proben ohne Nickel zeigen im Allgemeinen einen unter -100 dBm liegenden niedrigeren PIM-Pegel. Der niedrigste PIM-Pegel von -105,4 dBm, der mit einem PIM-Pegel der Referenzprobe von -107 dBm (Mikrostreifenleitung auf PCB) vergleichbar ist, kann damit über die Metallisierung von Cu/Ag ermöglicht werden. Dadurch ist nachgewiesen, dass eine Mikrostreifenleitung mit diesem PIM-Pegel in der gleichen Größenordnung wie bei der PCB-Mikrostreifenleitung mittels LDS®-Verfahren realisiert werden kann.

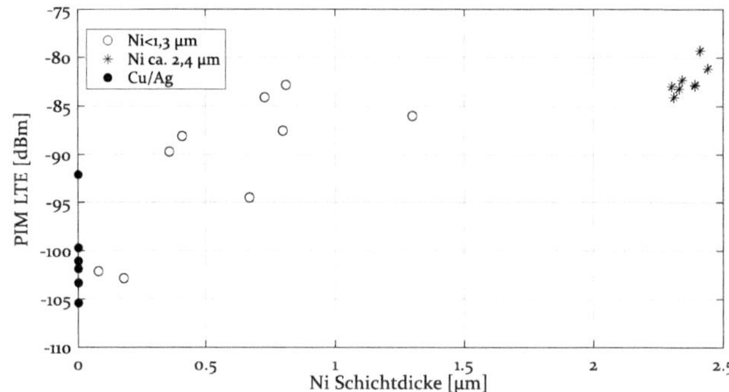

Bild 62: Vergleich des PIM-Pegels als Funktion der Fluenz für unterschiedliche Ni-Schichtdicken

6.6 Evaluierung des analytischen Modells für die Vorhersage von PIM-Pegeln

Die Ableitung des analytischen Modells ist abhängig von den Abmessungen und den Eigenschaften der Mikrostreifenleitung einschließlich Substrat und Metallschichtsystem sowie dem Verlust der Mikrostreifenleitung, die sich als Variable in einer der späteren Simulationen oder Modellierung einstellen lassen.

Die in diesem Kapitel verwendeten Mikrostreifenleitungen (*L1* und *L2*) werden mit den in Tabelle 16 gelisteten Laserprozessparametern hergestellt.

Tabelle 16: Laserprozessparameter für die Herstellung der Mikrostreifenleitungen zur Ableitung des analytischen Modells

Laserprozessparameter	**Wert**
Leistung P [W]	2, 4
Geschwindigkeit v [m/s]	1800
Pulswiederholfrequenz f [kHz]	160
Überlappung H [%]	55

Die zu untersuchenden einstellbaren Variablen hinsichtlich der Abmessung, Oberflächenrauheit und Gleichstromleitfähigkeit sind in Tabelle 17 zusammengefasst. Hierbei ist zu beachten, dass die Oberflächenrauheit, die zur Erhöhung des Leitungsverlusts beitragen kann, mittels der quadratischen Rauheit R_q charakterisiert wird, um die Einheit an die Simulationen anzupassen.

Die effektive Gleichstromleitfähigkeit der Leitung σ wird unter Verwendung der Gleichung (74) mit 36,3 MS/m berechnet und ist somit kleiner als die Leitfähigkeit von Kupfer in loser Schüttung mit dem Wert von 58,8 MS/m [123]. Jedoch stimmt der Wert gut mit dem ermittelten Ergebnis aus dem Strombelastbarkeitstest in [1] überein.

$$\sigma = \frac{l}{R_0 b t_m} \tag{74}$$

Dabei ist R_0 der gemessene Widerstand, b und t_m die Breite und Schichtdicke der Leitung.

Tabelle 17: Zusammengefasste Parameter der Mikrostreifenleitungen

Parameter	***L1* mit 2 W**	***L2* mit 4 W**
Schichtdicke der Leitung t_m [µm]	≈ 10,39	≈ 12,32
Breite der Leitung b [mm]	≈ 2, 11	≈ 2, 11
Dicke des Substrats d [µm]	≈ 0,92	≈ 0,92
Oberflächenrauheit Rq [µm]	≈ 3	≈ 5
Gleichstromleitfähigkeit σ [MS/m]	36,3	38,9

6.6.1 Bestimmung der Dielektrizitätszahl des Substrats

Zur Charakterisierung der Dielektrizitätszahl des Substrats mithilfe des Netzwerkanalysators kommt die Mikrostreifenleitung L2 zum Einsatz, die hierbei als Referenz herangezogen wird.

Für die Bestimmung der relativen Dielektrizitätszahl ε_r aus der gemessenen effektiven Dielektrizitätszahl ε_{r_eff} werden Parametersweeps ausgeführt, wodurch eine Reihe relativer Dielektrizitätszahlen simuliert werden kann. Basierend auf dem gemessenen Verlauf der effektiven Dielektrizitätszahl wird eine Spanne der relativen Dielektrizitätszahl zwischen 3,2 und 3,5 für den Parametersweep festgelegt. Die hierbei erhaltenen Ergebnisse sind in Bild 63 dargestellt. Um mit den simulierten Verläufen zu vergleichen, wird der gemessene Verlauf geglättet. Es ist zu bemerken, dass der gemessene Verlauf charakteristisch für die effektive Dielektrizitätszahl ist, die sich mit zunehmender Frequenz der relativen Dielektrizitätszahl des Substrats annähert. Weiterhin ist auffällig, dass der mit $\varepsilon_r = 3{,}2$ simulierte Verlauf unter dem geglätteten Verlauf und der mit $\varepsilon_r = 3{,}5$ simulierte Verlauf über dem geglätteten Verlauf liegen. Des Weiteren stimmt der mit ε_r = 3,3 simulierte Verlauf mit dem geglätteten Verlauf überein, wodurch sich die relative Dielektrizitätszahl durch Simulation des Werts von 3,3 ergibt.

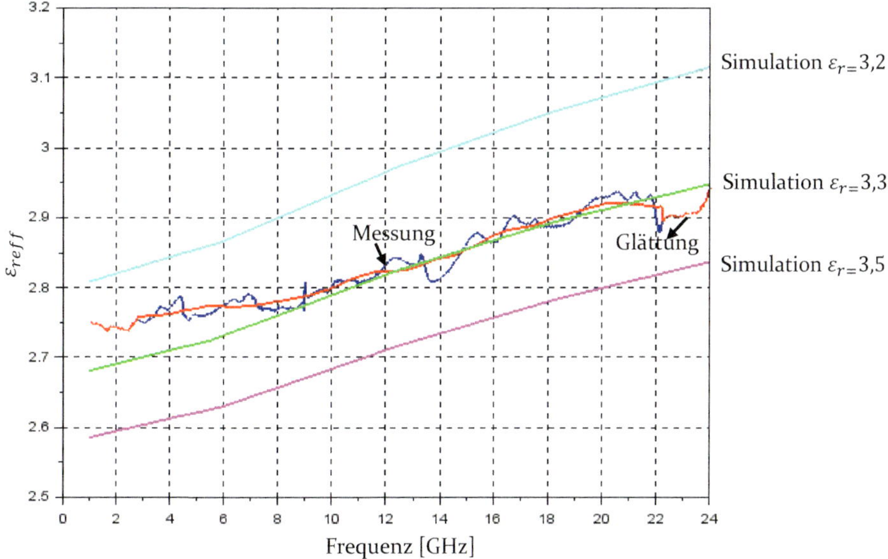

Bild 63: Die effektive Dielektrizitätszahl von LCP®Vetra E840i über der Frequenz: gemessener Verlauf in Blau, geglätteter Verlauf in Rot, mit ε_r = 3,2 simulierter Verlauf in Magenta, mit ε_r = 3,3 simulierter Verlauf in Grün, mit ε_r = 3,5 simulierter Verlauf in Cyan

6.6.2 Charakterisierung der charakteristischen Impedanz

Die charakteristische Impedanz der Mikrostreifenleitung wird anhand der gemessenen Abmessungen und der abgeleiteten relativen Dielektrizitätszahl simuliert, um eine genaue Impedanzanpassung sicherzustellen. In Bild 64 ist die simulierte charakteristische Impedanz als Funktion der Frequenz aufgetragen. Zu beobachten ist, dass die charakteristische Impedanz sich nur etwa von 49,5 Ω bis 50,8 Ω im ganzen gemessenen Frequenzbereich ändert. Mit einem kleinen Unterschied von etwa 2,5 % kann die charakteristische Impedanz im gesamten betrachteten Frequenzbereich als konstant angesehen werden. Somit kann eine durch Fehlnpassung an 50 Ω verursachte Dämpfung ausgeschlossen werden.

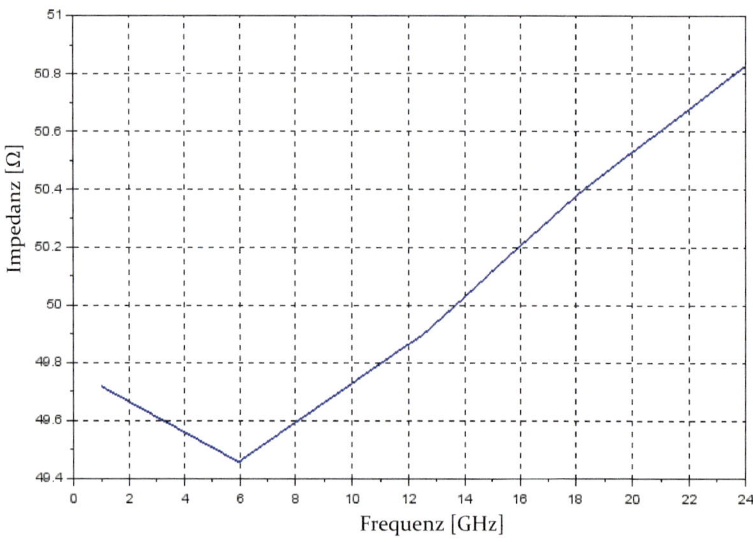

Bild 64: Impedanz in Abhängigkeit von der Frequenz

6.6.3 Charakterisierung der Dämpfung und des verteilten Widerstands

Die Charakterisierung der Dämpfung erfolgt anhand der *S*-Parameter, wie in Kapitel 4.2.1 beschrieben.

In Bild 65 sind die gemessenen *S*-Parameter über der Frequenz aufgetragen. Einerseits bleibt S_{11} bei Frequenzen bis zu 20 GHz kleiner als -20 dB, was darauf hindeutet, dass die charakteristische Impedanz im Frequenzbereich bis 20 GHz nahe bei 50 Ω liegt, was auf einen korrekten Entwurf hindeutet. Infolgedessen ist die Mikrostreifenleitung für die Anwendung bei Frequenzen von weniger als 20 GHz geeignet. Andererseits zeigt S_{21} bei allen Messungen mit Werten um -3 dB eine etwas geringere Dämpfung. Jedoch weicht S_{21} insbesondere über 5 GHz bei jeder Messung relativ stark von einem typischen Verlauf des S_{21} ab, was sich auf die Einschränkungen der eingesetzten Mess- und Prüfgeräte, insbesondere der Endlaunch-Connectoren zum Anschließen der Mikrostreifenleitung an die Testplatine, zurückführen lässt. Obwohl die verschiedenen gemessenen Linien in ihrer Länge um den Faktor 2 variieren, bleibt S_{21} ziemlich nahe beieinander. Dies weist wiederum auf einen signifikanten Einfluss der Mess- und Prüfgeräte selbst hin. Somit kann davon ausgegangen werden, dass das vorliegende relativ typische Leitungsverhalten bis etwa 5GHz auf eine ordentliche Fertigung hindeutet. Daher muss die Ableitung der Dämpfung mit unterschiedlichen Ansätzen unter Berücksichtigung des Einflusses der Mess- und Prüfgeräte durchgeführt werden. [P2]

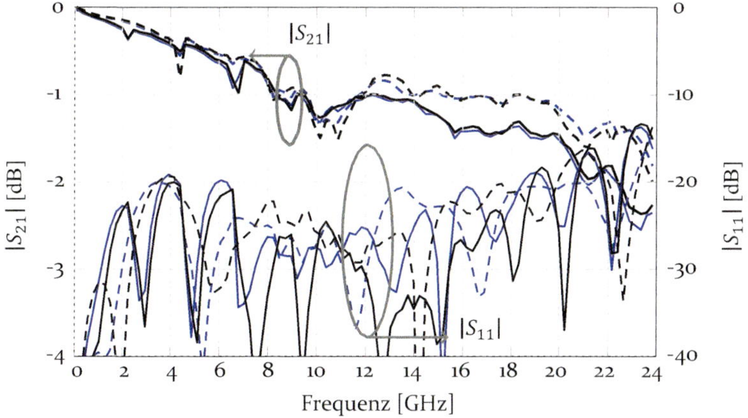

Bild 65: Gemessene S-Parameter S_{11} und S_{21} der Mikrostreifenleitungen L1 in Schwarz und L2 in Blau (gestrichelte Linie: l = 20 mm; durchgezogene Linie: l = 40 mm)

Die Dämpfung wird mit einem zusätzlichen gleitenden Mittelwertfilter verarbeitet. Die erfassten Dämpfungen sind Bild 66 zu entnehmen und ergeben einen Wertebereich, der grau markiert ist. Die Linien stellen die simulierten Verläufe dar. Dabei wird der Einfluss der Oberflächenrauheit R_q und des dielektrischen Verlustfaktors $\tan\delta$ berücksichtigt [147, 148]. Im Vergleich zur Oberflächenrauheit verursacht die Änderung des Verlustfaktors eine höhere Dämpfung. Der mit dem Verlustfaktor von $\tan\delta \approx 0{,}003$ simulierte Verlauf kann den Wertebereich der Dämpfung besser als andere Verläufe abdecken und stimmt mit dem in der Literatur festgelegten Wert überein [105]. Die Verläufe der gemessenen Oberflächenrauheiten decken den gemessenen Dämpfungsbereich ab. Die Ergebnisse lassen erkennen, dass die mittels LDS®-Verfahren hergestellte Mikrostreifenleitung bis zu etwa 5 GHz einsetzbar ist. [P2]

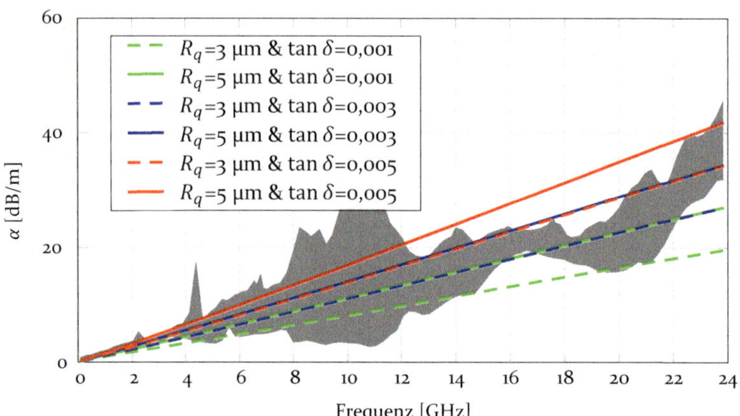

Bild 66: Verläufe der Dämpfung

Aufgrund des dielektrischen Verlusts mit tan $\delta \approx$ 0,003 wird die modellierte Abhängigkeit von Dämpfung $\alpha_{Leitung}$ und $\alpha_{Substrat}$ von der Frequenz in Bild 67 dargestellt, um ihren Einfluss separat zu bewerten. Beim Vergleich der beiden geglätteten Verläufe lässt sich erkennen, dass bei kleineren Frequenzen unter 12 GHz die $\alpha_{Leitung}$ mehr zu den gesamten Dämpfungen bzw. Verlusten beiträgt. Ab 12 GHz muss der Einfluss des dielektrischen Verlusts berücksichtigt werden. Dadurch ist nachgewiesen, dass der Leitungsverlust die dominante Wärmeerzeugung unter 12 GHz ist. Deshalb kann die Leitung auf der Oberseite des Substrats dünne elektrische Heizelemente betrachtet werden, die gleichmäßig über das Substrat verteilt sind.

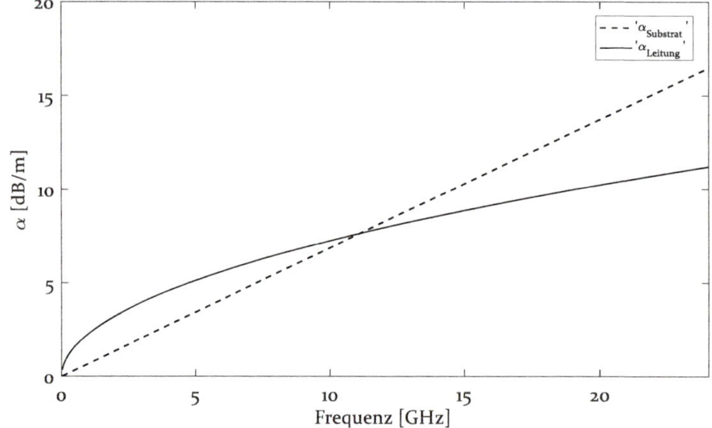

Bild 67: Abhängigkeit von $\alpha_{Leitung}$ und $\alpha_{Substrat}$ von Frequenz

Der aus *S*-Parametern extrahierte verteilte Widerstand ist Bild 68 zu entnehmen. Der Verlauf ist geglättet, damit er leicht in die weitere Verarbeitung implementiert werden kann. In Tabelle 18 sind alle für die Ableitung des PIM-Pegels erforderlichen Parameter bei der Betrachtung zweier Trägerfrequenzen von $\omega_1 = 745$ MHz und $\omega_2 = 793$ MHz zusammengefasst.

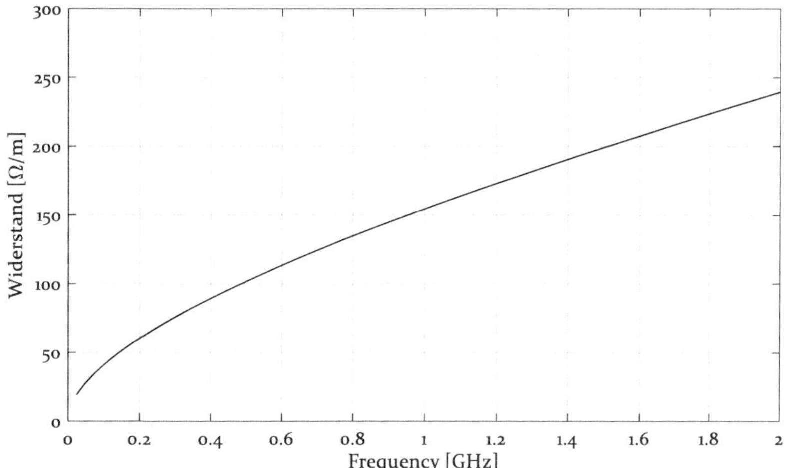

Bild 68: Verteilter Widerstand als Funktion der Frequenz

Tabelle 18: Benötige Parameter für die Ableitung des PIM-Pegels

Parameter	**Wert**
Dielektrizitätszahl ε_r	3,3
dielektrischer Verlustfaktor tanδ	0,003
Dämpfung $\alpha_{\omega 1}$ [dB/m]	1,16
Dämpfung $\alpha_{\omega 2}$ [dB/m]	1,2
charakteristische Impedanz Z_c [Ω]	50
verteilter Widerstand R' [Ω/m]	92

6.6.4 Charakterisierung des Temperaturanstiegs und PIM-Pegels

In Bild 69 ist die simulierte Temperaturverteilung an der Oberfläche des Substrats in x -Richtung für die Schwebungsfrequenz $\Delta\omega = 48$ MHz zum Zeitpunkt $t = 0$ dargestellt. Es ist zu erkennen, dass sich der Temperaturanstieg entlang der Leitung um etwa 3×10^{-4} K ändert.

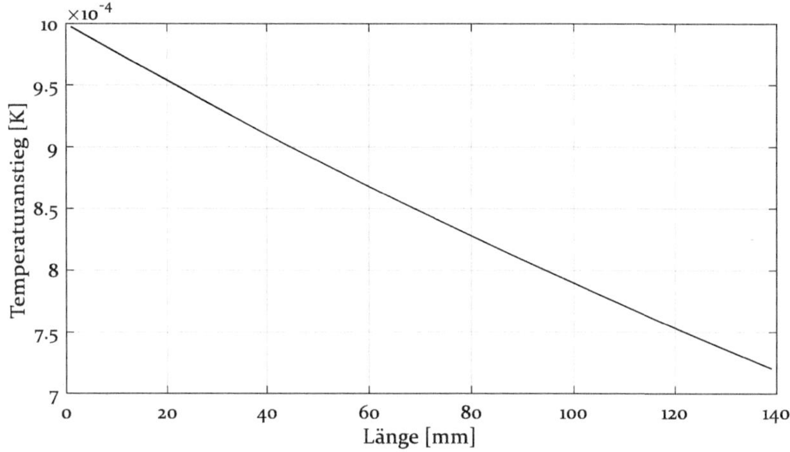

Bild 69: Simulierter Temperaturanstieg an der Oberfläche des Substrats bei Frequenz $\Delta\omega = 48$ MHz

Dieser Temperaturanstieg bei der Schwebungsfrequenz $\Delta\omega = 48$ MHz trägt zur Entstehung von PIM bei. In Tabelle 19 ist der gemessene und modellierte PIM-Pegel bei Frequenz $2\omega_1 - \omega_2 = 697$ MHz aufgeführt. Es ist zu erkennen, dass die Abweichung zwischen PIM-Test und PIM-Simulation um 8 % beträgt. Diese Abweichung kann mit der Vernachlässigung der Eigenschaften der Nickel- und Gold-Schicht begründet werden. Die in diesem Kapitel durchgeführte Modellierung basiert auf der einzigen Kupferschicht mit den Eigenschaften von reinem Kupfer. Jedoch wird für die experimentelle PIM-Messung eine Mikrostreifenleitung mit Cu/Ni/Au-Metallschichtsystem eingesetzt. Die Eigenschaften des Metallschichtsystems, insbesondere die thermischen und elektrischen Eigenschaften, sind anders als bei reinem Kupfer, woraus bei der Ausführung der Modellierung die Abweichung resultiert. Außerdem ist die mittels LDS®-Verfahren hergestellte Oberfläche relativ rau, der Beitrag der Rauhigkeit zur Erzeugung von PIM kann nicht vernachlässigt werden. Trotz der Abweichung lässt sich aus diesem Vergleich schließen, dass die Entstehung von PIM durch den elektrothermischen Effekt erklärt und der PIM-Pegel mithilfe des in dieser Arbeit entwickelten Modells prognostiziert werden kann.

Tabelle 19: Vergleich des gemessenen und simulierten PIM-Pegels

Gemessene PIM [dBm]	Modellierte PIM [dBm]	Abweichung [%]
-76,7	-83,4	8

6.7 Zusammenfassung

In diesem Kapitel wurden die Einsetzbarkeit des LDS®-Verfahrens für die Verbesserung von PIM ausgewertet. Dabei wurden die Zusammenhänge zwischen den Laserprozessparametern und dem PIM-Pegel, den Laserprozessparametern und den Qualitäts-merkmalen sowie den Qualitätsmerkmalen und dem PIM-Pegel identifiziert, und gleichzeitig wurde das analytische Modell zur Vorhersage des PIM-Pegels entwickelt.

Für die Auswahl der optimalen Laserprozessparameter entsprechend der niedrigsten PIM-Pegel wurden multiple Regression und KNN eingesetzt. Das Ergebnis zeigt, dass der PIM-Pegel mit den Laserprozessparametern korreliert. Die Bestimmung der optimalen Laserparameterkombination ist möglich und notwendig, um den PIM-Pegel kontrollieren zu können.

Des Weiteren wurden die Einflüsse der Laserprozessparameter auf die Qualitätsmerkmale analysiert. Diese Erkenntnisse sind der Grundstein für ein direktes und praktisches Verständnis von Laserstrukturierung und bilden den Ausgangspunkt für eine weitere Untersuchung, nämlich die Identifizierung der Beziehung zwischen den Qualitätsmerkmalen und dem PIM-Pegel. Mit Hilfe dieser bestimmten Beziehungen können die Qualitätsmerkmale zukünftig als direkt messbare Indikatoren zur Vorhersage des PIM-Pegels eingesetzt werden.

Ferner wurde das analytische Modell anhand der elektrothermischen Kopplung für die Vorhersage des PIM-Pegels bereitgestellt. Dieses Modell ist für die Erklärung der Entstehung von PIM von grundlegender Bedeutung. Durch das Modell wird die Ableitung von PIM auf physikalischer Ebene ermöglicht.

Anhand der vorliegenden Untersuchungen kann ein zuverlässiges LDS®-Verfahren mit konstanter Bauteilqualität hinsichtlich des vorgesehenem PIM-Pegels verwendet werden.

7 Übertragen des LDS®-Verfahrens auf Herstellung von Koplanarleitungen auf Keramik

Der Einsatz polymerbasierter dreidimensionaler Schaltungsträger ist in anspruchsvoller Umgebung aufgrund der materialimmanenten Eigenschaften nur eingeschränkt möglich. Bedingt durch die begrenzte chemische, thermische und mechanische Stabilität von Thermoplasten können die Potenziale dreidimensionaler Baugruppen beispielsweise in warmfeuchten oder sehr heißen Umgebungsbedingungen nicht ausgeschöpft werden. Ferner lassen sich Thermoplaste leicht verformen. Daher müssen Werkstoffe erforscht werden, die einen erweiterten Anwendungsbereich ermöglichen. Hochleistungskeramiken, die eine exzellente chemische, thermische und mechanische Beständigkeit sowie eine geringere thermische Ausdehnung und praktisch keine Wasseraufnahme aufweisen, sind somit als Ersatz für die bisherigen LDS®-Polymermatrizen prädestiniert [149–151] .

Aluminiumoxid als eine der Hochleistungskeramiken bringt einige Vorteile insbesondere für HF-Anwendungen mit sich. Einerseits ermöglicht sein geringer Verlustfaktor von $\tan\delta \approx 1{,}25 \cdot 10^{-4}$ verlustarme Übertragungsleitungen, Antennen sowie Filter [152]. Andererseits kann die Gesamtgröße der Systemkomponenten aufgrund der höheren relativen Dielektrizitätszahl $\varepsilon_r \approx 9{,}7$ verringert werden, womit die Miniaturisierung von Antennen ermöglicht werden kann.

Deshalb liegt der Fokus in diesem Kapitel auf der Eignung von Aluminiumoxid als Substratmaterial, das mittels LDS®-Verfahren bearbeitet werden kann, und den dadurch erzeugten HF-Eigenschaften. Als Signalträger werden statt Mikrostreifenleitungen Koplanarleitungen verwendet, welche auf eine 50 Ω Leitung hin optimiert sind. Die Abmessungen der Koplanarleitung ergeben sich durch Simulation (Tabelle 20). In Bild 70 a ist eine Koplanarleitung schematisch dargestellt.

Im Vergleich zu den LDS®-Substraten sind keine Additive im Aluminium erforderlich, weil das Aluminiumoxid selbst durch die Laserstrahlung zur Bildung der Metallkeime aktiviert werden kann. Für die Laserstrukturierung wird eine Leistung von 13 W, eine Pulswiederholfrequenz von 120 kHz und eine Bewegungsgeschwindigkeit von 70 mm/s ausgewählt. Im Anschluss erfolgt die Metallisierung mittels außenstromloser Abscheidung ähnlich wie beim LDS®-Verfahren. Die Beispiele der hergestellten Koplanarleitungen sind in Bild 70 b zu sehen.

Tabelle 20: Parameter zur Beschreibung der Koplanarleitung

Parameter	**Wert**
Dielektrizitätszahl ε_r	9,7
Verlustfaktor tanδ	$1{,}25 \cdot 10^{-4}$
Dicke des Substrats d [µm]	640
Breite der Leitung w [µm]	250
Dicke der Leitung t_m [µm]	10
Spaltbreite s_m [µm]	90
Breite der Grundplatte g [µm]	750

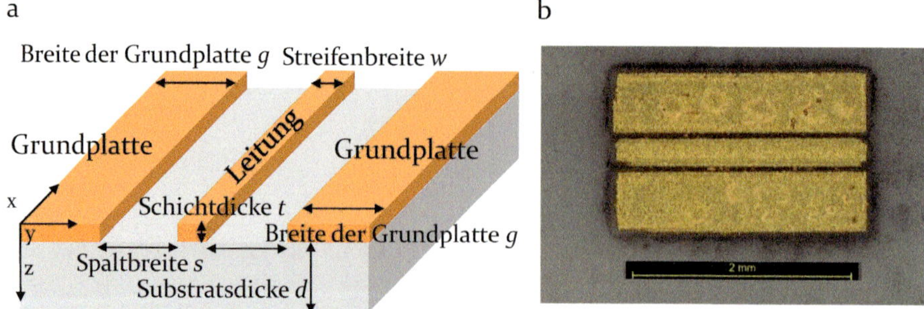

Bild 70: a) Schematische Darstellung der Koplanarleitung; b) Mikroskopische Aufnahme der metallisierten Koplanarleitung

Die Dämpfungen der Koplanarleitungen mit den Längen L1 = 0,25 mm, L2 = 2 mm und L3 = 8 mm (blau) sowie deren geglättete Verläufe (rot) wurden als zu untersuchende HF-Eigenschaften am Lehrstuhl LHFT der FAU gemessen. Sie sind der folgenden Bild 71 zu entnehmen. Dabei ist zu erkennen, dass die gemessenen Leitungen bis auf zwei Sprungstellen bei 8,5 GHz und 17 GHz einen Verlauf aufweisen, der dem glätteten Verlauf sehr nahekommt. Ferner ist zu beobachten, dass die Dämpfung unter 100 dB/m bis 20 GHz und unter 120 dB/m bis 24 GHz beträgt.

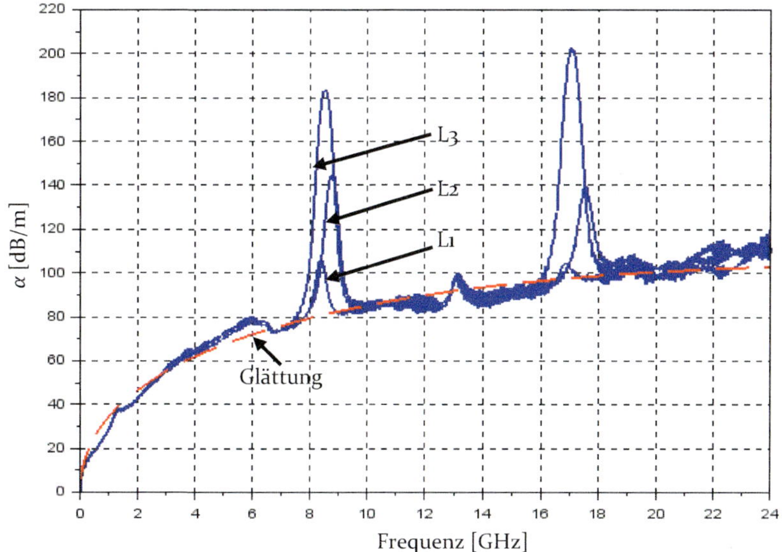

Bild 71: Dämpfung als Funktion der Frequenz

Im Rahmen dieser Fallstudie wird gezeigt, dass das Übertragen des LDS®-Verfahrens zur Herstellung von HF-Strukturen auf keramische Substrate realisierbar ist. Aufgrund des erheblich geringeren Verlustfaktors der keramischen Werkstoffe im Vergleich zu Polymeren sind mit keramischen Werkstoffen deutlich verlustärmere Leitungen bei kompakter Bauweise herstellbar.

Zu beachten ist jedoch die gewährleistete präzise Ablation, wodurch die Abmessungen der metallisierten Struktur sichergestellt werden können. Wie in Kapitel 2.5 beleuchtet, können bereits geringe Veränderungen der Ablationsqualität hinsichtlich der Abmessungen eine ungewünschte Metallisierung nach sich ziehen. Besonders unter

Berücksichtigung des Vorteils keramischer HF-Komponenten in Bezug auf eine Miniaturisierung können durch eine solche unerwünschte Metallisierung die Eigenschaften und Leistung der HF-Komponenten verschlechtert werden.

Bild 72 veranschaulicht die Koplanarleitung, die anhand der Simulationsergebnisse eine Breite der Leitung von 250 µm und eine Spaltbreite von 90 µm besitzen soll. Jedoch zeigt sich durch mikroskopische Messung, dass die Spalte etwa 70 µm breit sind. Daneben ist eine unsaubere Metallisierung, gekennzeichnet durch als Punkte vorliegende Metallpartikel, zu erkennen. Die teilweise stark schwankende Spaltbreite kann leicht zu Kurzschlüssen führen, was eine Verschlechterung der Eigenschaften der Komponente darstellt.

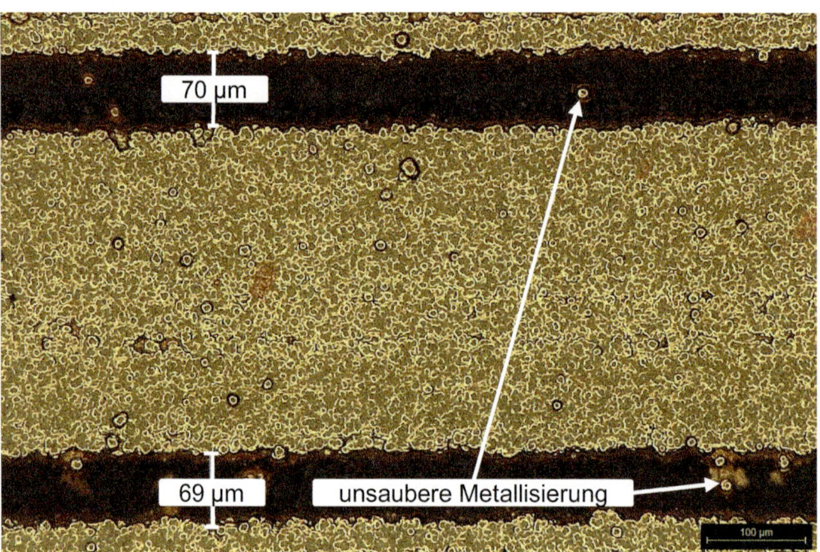

Bild 72: Mikroskopische Aufnahme der Koplanarleitung

8 Zusammenfassung und Ausblick

Mithilfe des LDS®-Verfahrens können Bauteile mit vorteilhaften Eigenschaften, wie z. B. hohe Integrationsdichte, große Gestaltungsfreiheit oder einfache Änderung des Schaltungslayouts, hergestellt werden. Diese Vorteile sind in vielen Branchen auch im Bereich von HF-Anwendungen von großer Bedeutung. Jedoch muss das LDS®-Verfahren vor einer Einführung in HF-Anwendungen zahlreiche Anforderungen erfüllen. PIM als eine der Leistungsanforderungen von Bauteilen ist hierbei eine wachsende Herausforderung. Eine schlechte PIM kann die Qualität des ganzen Kommunikationssystems beeinflussen. Die Untersuchung von PIM an Mikrostreifenleitungen, die mit dem LDS®-Verfahren hergestellt werden, stehen in dieser Arbeit im Fokus.

Die Arbeit beginnt mit Laserablation, womit die Grundlage der Laserstrukturierung gebildet ist. Die Wechselwirkung zwischen dem Substrat und dem eingesetzten Laser wird analysiert, damit zum einen die erforderliche Fluenz, nämlich Ablationsschwelle oder optimale Fluenz zur Erzielung der gewünschten Qualitätsmerkmale, z. B. Oberflächenrauheit oder Schichtdicke, identifiziert werden. Basierend auf dieser identifizierten Fluenz kann ein Prozessfenster definiert werden, indem die Laserprozessparameter nach Gleichung (26) ausgewählt werden. Zum anderen wird die Ablationsqualität abgeleitet, mit der die Qualität der Metallschicht korreliert. Eine örtlich präzise Ablation kann die gewünschten Eigenschaften oder Qualitätsmerkmale der Bauteile sicherstellen.

In dieser Arbeit werden zwei Methoden zur Bestimmung der Ablationsschwellen und Ablationsqualität für einzelne Laserpulse eingesetzt und anschließend miteinander verglichen. Die eine Methode basiert auf der grundlegenden Theorie, aus der die theoretische Ablationsschwelle von $F_{th,th} = 2{,}29\ \mathrm{J/cm^2}$ abgeleitet wird. Die andere Methode, die sogenannte Zero-Damage-Methode, führt zur Identifizierung des Zusammenhangs zwischen der Fluenz und dem Ablationsdurchmesser. Damit wird durch Experimente die Ablationsschwelle von $F_{th,th} = 1{,}73\ \mathrm{J/cm^2}$ ermittelt. Die leichte Abweichung zwischen den beiden Werten erklärt sich durch die Gratbildung, welche die Bemessung des Durchmessers der Ablationszone erschwert. Gleichzeitig ist die Ablationsqualität anhand der Identifizierung der Gratbildung als unpräzise Ablation einzustufen, was sich mit photothermischer Ablation erklären lässt. Weiterhin wird durch eine Bewertung des Zusammenhangs zwischen der Fluenz und den Qualitätsmerkmalen die optimale Fluenz von $F_{0,Optimum} \approx 0{,}35\ \mathrm{J/cm^2}$ für multiple Laserpulse zur Erzielung effizienter Ablation identifiziert. Außerdem wird durch thermische Simulation nachgewiesen, dass die Laserprozessparameter die Qualität der Ablationsqualität beeinflussen können. Folglich können durch eine Kontrolle der Laserprozessparameter die gewünschten Qualitätsmerkmale erzielt werden. Die vorgestellten Untersuchungsmethoden und Lösungsansätze in Bezug auf die Ablation können auf die Bearbeitung anderer Werkstoffe übertragen werden, z. B. Keramik.

Als ein weiterer wichtiger Teil der Arbeit ist die Charakterisierung der Auswirkung des LDS®-Verfahrens auf die PIM hervorzuheben. Dafür werden Mikrostreifenleitungen unterschiedlicher Oberflächenrauheit und Cu-Schichtdicke anhand einer Variation der Laserprozessparameter hergestellt. Einerseits wird eine Quantifizierung von verschiedenen Zusammenhängen aus unterschiedlicher Sicht beabsichtigt. Hierbei handelt es sich um die Zusammenhänge zwischen den Laserprozessparametern bzw. der Fluenz und dem PIM-Pegel, die Zusammenhänge zwischen den Laserprozessparametern und den Qualitätsmerkmalen sowie die Zusammenhänge zwischen den Qualitätsmerkmalen und dem PIM-Pegel. Des Weiteren wird die optimale Parameterkombination abgeleitet, um einen niedrigen PIM-Pegel zu erzielen. Andererseits wird die Entstehung von PIM anhand elektrothermischer Kopplung analytisch modelliert, um den PIM-Pegel vorhersagen zu können.

Die Quantifizierung von Zusammenhängen und die Ableitung der optimalen Parameter zur Erzielung niedriger PIM-Pegel erfolgt anhand multipler Regression und KNN. Es wird nachgewiesen, dass eine höhere Leistung, Pulswiederholfrequenz oder Hatching zur Erniedrigung vom PIM-Pegel führen kann, die Bewegungsgeschwindigkeit hingegen sich negativ auf den PIM-Pegel auswirkt. Um die

Beziehung zwischen den Qualitätsmerkmalen und dem PIM-Pegel hinreichend charakterisieren zu können, wird zuerst der Einfluss der Laserprozessparameter auf die Qualitätsmerkmale ausgewertet. Die Ergebnisse bestätigen, dass die Qualitätsmerkmale durch die Einstellung von Laserprozessparametern geändert werden können. Ferner werden die Einflüsse der Qualitätsmerkmale auf den PIM-Pegel analysiert. Auffällig ist, dass sich die Oberflächenrauheit positiv und die Cu-Schichtdicke negativ auf den PIM-Pegel auswirkt. Die Schlussfolgerungen unterscheiden sich jedoch von den in der Leiterplattenindustrie üblichen Kenntnissen, wonach der PIM-Pegel umso höher ist, je rauer und dünner die Metallschicht ist. Dieser Unterschied kann im Wesentlichen wegen folgender Gründe bestehen:

- Sowohl der PIM-Pegel als auch die Qualitätsmerkmale sind von Laserprozessparametern abhängig. Die komplizierten Wechselwirkungen müssen berücksichtigt werden.
- Die Oberflächenstrukturen an der Grenzfläche zwischen Kupferschicht und Substrat, womit die Oberflächenrauheit korreliert, sind für die Entstehung von PIM entscheidend.
- Mikroskopisch kleine Störstellen in der Metallschicht verursachen höhere Leitungsverluste. Die Anzahl mikroskopisch kleiner Störstellen nimmt mit steigender Schichtdicke deutlich zu. Somit kommt es zu einem erhöhten PIM-Pegel.

Trotzdem wird nachgewiesen, dass im LDS®-Verfahren hergestellte Mikrostreifenleitungen den PIM-Pegel in der gleichen Größenordnung wie bei der PCB-Mikrostreifenleitung erreichen, wenn die Metallisierung unter Verwendung von Cu/Ag durchgeführt wird. Außerdem trägt die analytische Modellierung des PIM-Pegels anhand der elektrothermischen Kopplung zu einem wachsenden Wissen über die Entstehung von PIM auf physikalischer Ebene bei. Das entwickelte Modell hilft bei der Vorhersage des PIM-Pegels.

Tabelle 21 veranschaulicht die in dieser Arbeit ausgewerteten Zusammenhänge. Die Zusammenhänge können als wertvolles Hilfsmittel für die Auswahl der Fluenz und der Laserparameter zur Erzielung optimaler Ergebnisse dienen.

Tabelle 21: Zusammenfassung der Beziehungen

	Fluenz ↑	***P*** ↑	***v*** ↑	***f*** ↑	***H*** ↑
PIM-Pegel	↓	↓	↑	↓	↓
Oberflächenrauheit	↑	↑	↓	↓	↑
Cu-Schichtdicke	↓	↓	↑	↑	↓
↑ Erhöhung; ↓ Reduzierung					

Um das LDS®-Verfahren auf die Herstellung keramischer HF-Komponenten übertragen zu können, werden die mittels LDS®-Verfahren hergestellten Koplanarleitungen auf Keramik analysiert. Es ist belegt, dass die Koplanarleitungen auf Keramik im Vergleich zu den Mikrostreifenleitungen auf LCP®Vetra E840i deutlich bessere Übertragungseigenschaften besitzen. Dadurch ist nachgewiesen, dass das LDS®-Verfahren erfolgreich für die Herstellung keramischer HF-Komponenten verwendet werden kann.

Aus den präsentierten Forschungsergebnissen ergibt sich, dass das LDS®-Verfahren für HF-Anwendungen unter Berücksichtigung von PIM auch einsetzbar ist. Dabei hat sich beim praktischen Teil gezeigt, dass die Laserprozessparameter die Entstehung von PIM beeinflussen können. Für eine weitere Forschung sind die folgenden Punkte von Bedeutung:

- Untersuchung des Einflusses der periodischen Oberflächenstrukturen aufgrund der Laserbewegungsrichtung auf die elektrische Leitfähigkeit und den PIM-Pegel
- Weitere Verbesserung des analytischen Modells zur Vorhersage des PIM-Pegels unter Berücksichtigung genauer Materialeigenschaften
- Übertragen der in der Arbeit entwickelten Untersuchungsmethoden auf die Erforschung weiterer HF-Komponenten, z. B. keramische HF-Komponenten. Es ist zu erwarten, dass unter Einbeziehung von PIM bessere Übertragungseigenschaften erzielt werden können.

Durch eine Ergänzung der oben genannten Forschungspunkte sind weitere Erkenntnisse zu erwarten, um die Einsetzbarkeit des LDS®-Verfahrens für HF-Anwendungen zu skalieren.

9 Summary and outlook

By using the LDS® method, devices or components with excellent properties such as high integration density, design and circuit layout flexibility can be produced. These advantages are important for many applications, including the production of RF components. However, the performance of such RF components must be qualified by fulfilling some certain requirements. Passive Intermodulation (PIM) as one of key requirements of RF component performance is a growing challenge in the past recent years, which can influence the transmission quality. The study of PIM on microstrip transmission lines, which are fabricated by using the LDS® method, is carried out in this thesis.

The present thesis starts with the laser ablation, which is the fundament of the laser structuring. The interaction between the substrate and the utilized laser is analyzed by determining the required fluence, namely the ablation threshold or optimal fluence, to achieve the desired quality features, such as surface roughness or layer thickness. Based on this identified fluence, a process window which is highly significant to the manufacturing perspective can be defined by selecting the optimized laser process parameters. Furthermore, the metal layer quality is correlated with specified ablation quality. Accurate ablation is a prerequisite to ensure the desired properties or quality features.

Two methods for determining the ablation threshold and specifying the ablation quality of individual laser pulses are implemented, and then compared with each other. The first one is based on the fundamental theory from which the theoretical ablation threshold $F_{th,th}$ = 2.29 J/cm² is derived. While the other one, the so-called zero damage method, is based on the identification of the relationship between the fluence and the diameter of the ablation zone. The ablation threshold $F_{th,th}$ = 1.73 J/cm² is extracted at the diameter of the ablation zone D = 0. The slight deviation between the two values can be explained by inaccurate measurement of the ablation zone diameter which is due to the formation of swelling at the edge of the ablation zone. At the same time, the imprecise ablation is verified according to the formation of swelling, which is caused by the photothermal ablation. Furthermore, the optimal fluence $F_{0,\text{Optimum}} \approx 0.35\ \text{J/cm}^2$ for achieving the efficient ablation in case of multiple laser pulses is identified by evaluating the relationship between the fluence and the quality features. In addition, the results from the thermal simulation prove that the laser process parameters can influence the ablation quality. Consequently, the desired quality features can be realized by controlling the laser process parameters. The investigation methods and approaches presented with regard to the ablation can be transferred to the processing of other materials, for example, ceramics.

Another important part of this thesis is the characterization of the impact of the LDS® method on the PIM. For this purpose, microstrip transmission lines with different surface roughnesses and thicknesses of copper layer are produced. It is intended to quantify different relationships from different perspectives, including i) relationships between laser process parameters and the PIM level; ii) relationships between the fluence and the PIM level; iii) relationships between laser process parameters and quality features; iv) relationships between quality features and the PIM level. Furthermore, the optimal combination of different parameters is derived in order to achieve a low PIM level. Besides, the analytical modelling of the PIM using electrothermal coupling is also developed to predict the PIM level.

The quantification of relationships and the derivation of optimal parameters for achieving low PIM levels are carried out using multiple regression and ANN. It is demonstrated that higher power, higher pulse repetition rate, or higher hatching can result in a lower PIM level, whereas the PIM level is increasing with the speed of movement. To adequately characterize the relationship between quality features and the PIM level, the influence of laser process parameters on quality features is first evaluated. The results confirm that quality characteristics can be controlled by setting suitable laser process parameters. Moreover, the results from analyzing the influences of quality features on the PIM level show that the surface roughness has a positive effect and the thickness of copper layer has a negative effect on the PIM level, which means a rougher and thinner metal layer can result in a lower PIM level. However, this conclusion differs from the conventional knowledge in the circuit board industry, according to which the metal layer is rougher and thinner, the PIM level is the higher. Main reasons for this difference are listed as follows:

- Both the PIM level and quality features are dependent on laser process parameters. These complicated interactions must be taken into account.
- Surface structures at the interface between the copper layer and the substrate, with which the surface roughness correlates, are decisive for the generation of the PIM.
- Microscopic imperfections in the metal layer lead to higher electrical losses. The number of microscopic imperfections increases significantly with increasing layer thickness. This leads to an increased PIM level.

Nevertheless, it is proven that microstrip transmission lines produced by using the LDS® method can lead to a PIM level in the same order of magnitude as the PCB microstrip transmission line, where the metallization is carried out by using Cu/Ag. In addition, the analytical modeling of the PIM level according to the electrothermal coupling contributes to a growing knowledge of the generation of PIM on a physical level. The developed model is reliable to predict the PIM level.

Table 22 illustrates relationships evaluated in this thesis. In the view of the production, these relationships are applied for selecting the fluence and laser parameters in order to achieve the optimal results.

Table 22: Summary of Relationships

	Fluence ↑	***P*** ↑	***v*** ↑	***f*** ↑	***H*** ↑	
PIM-level	↓	↓	↑	↓	↓	↑ increase;
Roughness	↑	↑	↓	↓	↑	↓ decrease
Metal thickness	↓	↓	↑	↑	↓	

To transfer the LDS® method to produce ceramic RF-components, coplanar waveguides on alumina fabricated by using the LDS® method are analyzed. It is verified that coplanar waveguides on alumina have significantly better transmission properties compared with microstrip transmission lines on LCP. Based on these results, the LDS® method can be successfully applied for the production of ceramic RF-components.

Results presented in this thesis show that the LDS® method can be applied for the production of RF components, taking into account PIM as a performance requirement. Moreover, by controlling laser process parameters, it is possible to reduce the PIM level. For future research, the following interests may be further considered:

- Investigation of the influence of surface structures on the PIM level: how and to what extent the other important laser process parameters influence surface structures and the PIM level, e.g. the direction of laser movement.
- Further improvement of the analytical model for predicting the PIM level taking into account precise material properties.
- Transfer of research methodologies that were developed in the thesis to studies of other RF components, e.g. ceramic RF components. It is to be expected that better transmission properties can be achieved with respect to PIM.

By supplementing above-mentioned research points, further findings are to be expected in order to scale the applicability of the LDS® method for RF applications.

Literaturverzeichnis

[1] FRANKE, J. *Räumliche elektronische Baugruppen (3D-MID). Werkstoffe, Herstellung, Montage und Anwendungen für spritzgegossene Schaltungsträger.* München: Hanser, 2013. ISBN 3446434410

[2] STEER, M.B. *Microwave and RF design. A systems approach.* Raleigh, NC: SciTech Pub, 2010. ISBN 9781891121883

[3] ROCAS, E., C. COLLADO, N.D. ORLOFF, J. MATEU, A. PADILLA, J.M. O'CALLAGHAN und J.C. BOOTH. Passive Intermodulation Due to Self-Heating in Printed Transmission Lines [online]. *IEEE Transactions on Microwave Theory and Techniques,* 2011, **59**(2), S. 311-322. ISSN 0018-9480. Verfügbar unter: doi:10.1109/TMTT.2010.2090356

[4] WILKERSON, J.R., P.G. LAM, K.G. GARD und M.B. STEER. Distributed Passive Intermodulation Distortion on Transmission Lines [online]. *IEEE Transactions on Microwave Theory and Techniques,* 2011, **59**(5), S. 1190-1205. ISSN 0018-9480 [Zugriff am: 27. Januar 2017]. Verfügbar unter: doi:10.1109/TMTT.2011.2106138

[5] VICENTE, C. und H.L. HARTNAGEL. Passive-intermodulation analysis between rough rectangular waveguide flanges [online]. *IEEE Transactions on Microwave Theory and Techniques,* 2005, **53**(8), S. 2515-2525. ISSN 1557-9670. Verfügbar unter: doi:10.1109/TMTT.2005.852771

[6] AMIN, M.B. und F.A. BENSON. Coaxial Cables as Sources of Intermodulation Interference at Microwave Frequencies [online]. *IEEE Transactions on Electromagnetic Compatibility,* 1978, **EMC-20**(3), S. 376-384. ISSN 1558-187X. Verfügbar unter: doi:10.1109/TEMC.1978.303665

[7] AMIN, M.B. und I.A. BENSON. Nonlinear effects in coaxial cables at microwave frequencies [online]. *Electronics Letters,* 1977, **13**(25), S. 768. ISSN 00135194. Verfügbar unter: doi:10.1049/el:19770543

[8] WILKERSON, J.R., K.G. GARD und M.B. STEER. *Electro-Thermal Passive Intermocdulation Distortion in Microwave Attenuators:* Proceedings of the 36th European Microwave Conference, 2006

[9] WILKERSON, J.R., I.M. KILGORE, K.G. GARD und M.B. STEER. Passive Intermodulation Distortion in Antennas [online]. *IEEE Transactions on Antennas and Propagation,* 2015, **63**(2), S. 474-482. ISSN 0018-926X. Verfügbar unter: doi:10.1109/TAP.2014.2379947

[10] MAZZARO, G.J., M.B. STEER und K.G. GARD. Intermodulation distortion in narrowband amplifier circuits [online]. *IET Microwaves, Antennas & Propagation,* 2010, **4**(9), S. 1149. ISSN 17518725. Verfügbar unter: doi:10.1049/iet-map.2009.0281

[11] FIRMA KATHREIN. Calculating Passive Intermodulation for Wideband Antenna Arrays. *White Paper,* 2018

[12] WILKERSON, J.R. Passive Intermodulation Distortion in Radio Frequency Communication Systems. *Dissertation, North Carolina State University,* 2010

[13] COONROD, J. Choosing Circuit Materials for Low-PIM PCB Antennas [online][Zugriff am: 21.Juli 2020]. *micro-waves&RF,* 11.2017. Verfügbar unter: https://www.rogerscorp.cn/documents/9278/acm/articles/Choosing-Circuit-Materials-for-Low-PIM-PCB-Antennas.pdf

[14] GOLIKOV, V., S. HIENONEN und P. VAINIKAINEN. Passive intermodulation distortion measurements in mobile communication antennas. In: *VTC Fall 2001. IEEE 54th Vehicular Technology Conference : Mobile technology for the third millennium : Atlantic City, New Jersey USA, 7-11 October, 2001.* Piscataway, N.J: IEEE, 2001, S. 2623-2625. ISBN 0-7803-7005-8

[15] HIENONEN, S. Studies on microwave antennas : passive intermodulation distortion in antenna structures and design of microstrip antenna elements [online]. *1456-3835,* 2005.

Verfügbar unter: https://aalto-doc.aalto.fi/handle/123456789/2523

[16] A.K. BROWN. Passive intermodulation products in antennas-an overview. *IEE Colloquium on Passive Intermodulation Products in Antennas and Related Structures,* 7. Juni 1989

[17] HELME, B.G.M. Passive intermodulation of ICT components. In: *IEE Colloquium on Screening Effectiveness Measurements:* IEE, 6. Mai 1998, S. 1

[18] LPKF LASER & ELECTRONICS AG. *LDS-MID: Bereit für die nächste Mobilfunk-Generation* [online], 2016

[19] BUTLER, R. *PIM Testing - Advanced wireless services emphasize the need for better PIM control* [online], 2016 [Zugriff am: 14. Oktober 2019]

[20] HARTMAN, R. und T. BELL. PIM Test Methods IEC Recommendations. *Kaelus,* 2012

[21] EYERER, P., P. ELSNER und T. HIRTH. *Polymer Engineering. Technologien und Praxis.* Berlin: Springer, 2008. VDI-Buch. ISBN 9783540724025

[22] LOMAKIN, K., M. ANKENBRAND, M. SIPPEL, J. FRANKE, K. HELMREICH und G. GOLD. Nanojet Printed Coplanar Waveguides on Flexible Polyimide Substrate up to 24GHz. In: *IEEE FLEPS 2019. IEEE International Conference on Flexible and Printable Sensors and Systems : 2019 conference proceedings : July 7-10, 2019.* Piscataway, NJ: IEEE, 2019, S. 1-3. ISBN 978-1-5386-9304-9

[23] SIPPEL, M., K. LOMAKIN, M. ANKENBRAND, M. PETERSEN, J. FRANKE, K. HELMREICH, M. VOSSIEK und G. GOLD. 3D-Printed Bowtie Filter Created by High Precision NanoJet System Combined with Novel Printing Strategy. In: *2019 IEEE 28th Conference on Electrical Performance of Electronic Packaging and Systems (EPEPS):* IEEE, 6. Oktober 2019 - 9. Oktober 2019, S. 1-3. ISBN 978-1-7281-4585-3

[24] CIHANGIR, A., F. SONNERAT, F. GIANESELLO, D. GLORIA und C. LUXEY. Antenna Solutions for 4G Smartphones in Laser Direct Structuring Technology [online]. *Radioengineering,* 2016, **25**(3), S. 419-428. ISSN 1210-2512. Verfügbar unter: doi:10.13164/re.2016.0419

[25] FRIEDRICH, A., M. FENGLER, B. GECK und D. MANTEUFFEL. 60 GHz 3D integrated waveguide fed antennas using laser direct structuring technology. In: *2017 11th European Conference on Antennas and Propagation (EUCAP). 19-24 March 2017.* Piscataway, NJ: IEEE, 2017, S. 2507-2510. ISBN 978-8-8907-0187-0

[26] GOLDBACHER, A. *Laser-Direktstrukturierung: Kompakte 3D-Antennen für Applikationen im mm-Wellenbereich* [online], 19. Juli 2016 [Zugriff am: 8. Juli 2020]. Verfügbar unter: https://www.elektroniknet.de/elektronik/elektronikfertigung/kompakte-3d-antennen-fuer-applikationen-im-mm-wellenbereich-132365.html

[27] BORGES, M. Maskless Structuring in Prototyping and Series Production [online]. *CMM Magazine,* 19. September 2014 [Zugriff am: 1. März 2022.872Z]. Verfügbar unter: http://www.cmmmagazine.com/micromanufacturing/lasers/maskless-structuring-in-prototyping-and-series-production/

[28] LPKF LASER & ELECTRONICS AG. *LDS –Ein Schlüssel zur 5G-Antenne* [online], 7. Mai 2019. Verfügbar unter: https://www.lpkf.com/de/news-presse/pressemitteilungen/detail?tx_news_pi1%5Baction%5D=detail&tx_news_pi1%5Bcontroller%5D=News&tx_news_pi1%5Bnews%5D=247&cHash=264dec4327dec2cca25d47b81f01acao

[29] FRIEDRICH, A., B. GECK und M. FENGLER. LDS manufacturing technology for next generation radio frequency applications. In: J. FRANKE, Hg. *2016 12th International Con-*

gress Molded Interconnect Devices (MID). Scientific proceedings : September 28th-29th, 2016, Würzburg, Germany. Piscataway, NJ: IEEE, 2016, S. 1-6. ISBN 978-1-5090-5426-8

[30] SÄNN, A., S. RICHTER und C.K. FRAUNHOLZ. Car-to-X als Basis organisationaler Transformation und neuer Mobilitätsleistungen [online]. *Wirtschaftsinformatik & Management*, 2017, **9**(5), S. 60-71. ISSN 1867-5905. Verfügbar unter: doi:10.1007/s35764-017-0107-1

[31] TIMSIT, R.S. High Speed Electronic Connector Design: A Review of Electrical and Electromagnetic Properties of Passive Contact Elements -- Part 1 [online]. *IEICE Transactions on Electronics*, 2008, **E91-C**(8), S. 1178-1191. ISSN 0916-8524. Verfügbar unter: doi:10.1093/ietele/e91-c.8.1178

[32] FENGLER, M. *Neueste LDS - Entwicklungen* [online]. 6 Mai 2014 [Zugriff am: 13. Juli 2020]. Verfügbar unter: https://www.3d-mid.de/wp-content/uploads/2019/10/Fengler_M._-_Neuste_LDS_Entwicklungen.pdf

[33] BACHY, B. und J. FRANKE. Experimental Investigation and Optimization for the Effective Parameters in the Laser Direct Structuring Process [online]. *Journal of Laser Micro/Nanoengineering*, 2015, **10**(2), S. 202-209. ISSN 18800688. Verfügbar unter: doi:10.2961/jlmn.2015.02.0018

[34] LPKF LASER & ELECTRONICS AG. Leiterbahnstrukturen und verfahren zu ihrer herstellung. Erfinder: G. NAUNDORF UND H. WISSBROCK. Anmeldung: 19. Juni 2002. WO 03/005784 A2

[35] KAISER, W. *Kunststoffchemie für Ingenieure. Von der Synthese bis zur Anwendung.* 4., neu bearbeitete und erweiterte Auflage. München: Hanser, 2016. ISBN 9783446446380

[36] CELANESE. *Zenite LCP Overview* [online], 2013 [Zugriff am: 26. September 2019]

[37] DOMININGHAUS, H., P. ELSNER, P. EYERER und T. HIRTH. *Kunststoffe. Eigenschaften und Anwendungen.* 8.,

neu bearb. und erw. Aufl. Berlin: Springer, 2012. VDI-Buch. ISBN 9783642161728

[38] GECK, B. *Charakterisierung der HF-Eigenschaften von LDS-MID.* Leibniz Universität Hannover, 2013

[39] THOMPSON, D.C., O. TANTOT, H. JALLAGEAS, G.E. PONCHAK, M.M. TENTZERIS und J. PAPAPOLYMEROU. Characterization of Liquid Crystal Polymer (LCP) Material and Transmission Lines on LCP Substrates From 30 to 110 GHz [online]. *IEEE Transactions on Microwave Theory and Techniques,* 2004, **52**(4), S. 1343-1352. ISSN 0018-9480. Verfügbar unter: doi:10.1109/TMTT.2004.825738

[40] VYAS, R., A. RIDA, S. BHATTACHARYA und M.M. TENTZERIS. Liquid Crystal Polymer (LCP): The ultimate solution for low-cost RF flexible electronics and antennas. In: *2007 IEEE Antennas and Propagation Society international symposium. Honolulu, HI, 9 - 15 June 2007.* Piscataway, NJ: IEEE Service Center, 2007, S. 1729-1732. ISBN 978-1-4244-0877-1

[41] BERGMANN, H.W., Hg. *Präzise optische Behandlung von Festkörpern. Oberflächenbearbeitung.* Düsseldorf: VDI-Verl., 1996. Handbuchreihe Laser in der Materialbearbeitung. 5. ISBN 3184015998

[42] RUDOLPH, P. *Physikalische Chemie der Laser-Material-Wechselwirkung mit Ba-Al-Borosilikatglas, AlN, SiC, SiC-TiC-TiB2:* Dissertation, 2002

[43] WEIKERT, M. *Oberflächenstrukturieren mit ultrakurzen Laserpulsen.* Dissertation, 2005. Laser in der Materialbearbeitung - Forschungsberichte des IFSW

[44] HERTWECK, S.M. *Zeitliche Pulsformung in der Lasermikromaterialbearbeitung.* Dissertation. Erlangen. Lehrstuhl für Photonische Technologien. 296. ISBN 9783875254235

[45] ROTH, J., A. KRAUß, J. LOTZE und H.-R. TREBIN. Simulation of laser ablation in aluminum: the effectivity of double pulses [online]. *Applied Physics A,* 2014, **117**(4), S. 2207-2216.

ISSN 0947-8396. Verfügbar unter: doi:10.1007/s00339-014-8647-1

[46] EICHSTÄDT, J. *The spatial emergence of laser-induced periodic surface structures under lateral displacement irradiation conditions.* Dissertation, 2015. ISBN 9789036539128

[47] LIU, J.M. Simple technique for measurements of pulsed Gaussian-beam spot sizes [online]. *Optics letters,* 1982, **7**(5), S. 196-198. ISSN 0146-9592. Verfügbar unter: doi:10.1364/ol.7.000196

[48] INCROPERA, F.P., D.P. DEWITT, T.L. BERGMAN und A.S. LAVINE. *Fundamentals of heat and mass transfer.* 6. ed. Hoboken, NJ: Wiley, 2007. ISBN 9780471457282

[49] LIPPERT, T. UV Laser Ablation of Polymers: From Structuring to Thin Film Deposition. In: A. MIOTELLO und P.M. OSSI, Hg. *Laser-Surface Interactions for New Materials Production. Tailoring Structure and Properties ; [This book originates from lectures delivered at the First International School "Laser-surface interactions for new materials production: tailoring structure and properties" that was held in San Servolo Island, Venice (Italy) from 13 to 20 July, 2008.* Berlin, Heidelberg: Springer-Verlag Berlin Heidelberg, 2010, S. 141-175. ISBN 978-3-642-03306-3

[50] BITYURIN, N., B.S. LUK'YANCHUK, M.H. HONG und T.C. CHONG. Models for laser ablation of polymers [online]. *Chemical reviews,* 2003, **103**(2), S. 519-552. ISSN 0009-2665. Verfügbar unter: doi:10.1021/cr010426b

[51] STEEN, W.M. und J. MAZUMDER. *Laser Material Processing.* 4th Edition. London: Springer London, 2010. ISBN 9781849960625

[52] MITTAL, K.L. *Polymer Surface Modification: Relevance to Adhesion:* Taylor & Francis, 2004. Bd. 3. ISBN 9789067644037

[53] ARNOLD, N. und N. BITYURIN. Model for laser-induced thermal degradation and ablation of polymers [online]. *Applied Physics A,* 1999, **68**(6), S. 615-625. ISSN 1432-0630. Verfügbar unter: doi:10.1007/s003390050950

[54] PHAM, D., L. TONGE, J. CAO, J. WRIGHT, M. PAPIERNIK, E. HARVEY und D. NICOLAU. Effects of polymer properties on laser ablation behaviour [online]. *Smart Materials and Structures,* 2002, **11**(5), S. 668. ISSN 0964-1726. Verfügbar unter: doi:10.1088/0964-1726/11/5/307

[55] BRYDSON, J.A. *Plastics materials.* 7. ed. Oxford: Butterworth-Heinemann, 1999. ISBN 0750641320

[56] ALEXANDER BRAUN. Oberflächenformgebung von synthetischen Polymeren mittels UV-Laserablation unter Verwendung abbildender Maskentechniken. *Dissertation, Universität Leipzig,* 2002

[57] JEE, Y., M.F. BECKER und R.M. WALSER. Laser-induced damage on single-crystal metal surfaces [online]. *Journal of the Optical Society of America B,* 1988, **5**(3), S. 648. ISSN 0740-3224. Verfügbar unter: doi:10.1364/JOSAB.5.000648

[58] ZHIGILEI, L.V. und B.J. GARRISON. Microscopic mechanisms of laser ablation of organic solids in the thermal and stress confinement irradiation regimes [online]. *Journal of Applied Physics,* 2000, **88**(3), S. 1281-1298. ISSN 0021-8979. Verfügbar unter: doi:10.1063/1.373816

[59] DOMKE, M. *Transiente physikalische Mechanismen bei der Laserablation von dünnen Metallschichten.* Zugl.: Erlangen-Nürnberg, Univ., Diss., 2015. Bamberg: Meisenbach, 2015. Bericht aus dem Lehrstuhl für Phototonische Technologien. 264. ISBN 9783875253856

[60] LEVEUGLE, E., D.S. IVANOV und L.V. ZHIGILEI. Photomechanical spallation of molecular and metal targets: molecular dynamics study [online]. *Applied Physics A,* 2004, **79**(7), S. 1643-1655. ISSN 0947-8396 [Zugriff am: 4. März 2019]. Verfügbar unter: doi:10.1007/s00339-004-2682-2

[61] ZHIGILEI, L.V., Z. LIN und D.S. IVANOV. Atomistic Modeling of Short Pulse Laser Ablation of Metals: Connections between Melting, Spallation, and Phase Explosion [online]. *The Journal of Physical Chemistry C*, 2009, **113**(27), S. 11892-11906. ISSN 1932-7447. Verfügbar unter: doi:10.1021/jp902294m

[62] MITTNACHT, D. *Untersuchungen zur Laserlicht-Gewebe-Wechselwirkung. Dynamik der Hartgewebeablation durch ultrakurze Laserpulse und Weichgewebeabtrag mit Hochleistungs-Diodenlaserstrahlung in einem In-vivo-Lungenmodell:* Dissertation, Universität Kaiserslautern, 2006

[63] STRAUB, A. und J. WINKLER. *Zuverlässigkeit von Koaxialsteckverbindern*, 10.2016

[64] GOTH, C. *Metallisierung für 3D Metallisierung für 3D-MID* [online]. Verfügbar unter: https://docplayer.org/162182390-Metallisierung-fuer-3d-mid-dr-christian-goth.html

[65] EDWARDS, T.C. und M.B. STEER. *Foundations for Microstrip Circuit Design:* Wiley, 2016. ISBN 9781118936191

[66] KOZLOV, D.S., A.P. SHITVOV, A.G. SCHUCHINSKY und M.B. STEER. Passive Intermodulation of Analog and Digital Signals on Transmission Lines With Distributed Nonlinearities: Modelling and Characterization [online]. *IEEE Transactions on Microwave Theory and Techniques*, 2016, **64**(5), S. 1383-1395. ISSN 0018-9480. Verfügbar unter: doi:10.1109/TMTT.2016.2550046

[67] KOZLOV, D., A. SHITVOV und A. SCHUCHINSKY. On passive intermodulation test of analog and digital systems. In: *INMMiC Taormina. International Workshop on Integrated Nonlinear Microwave and Millimetre-wave Circuits : October 1st - 2nd, 2015 - Taormina (Messina), Italy.* [Piscataway, New Jersey]: IEEE, 2015, S. 1-3. ISBN 978-1-4673-6496-6

[68] VICENTE QUILES, C.P. *Passive Intermodulation and Corona Discharge for Microwave Structures in Communications Satellites.* Darmstadt, 2005

[69] ANRITSU AMERICA. *Passive Intermodulation (PIM)* [online] [Zugriff am: 22. Oktober 2019]. Verfügbar unter: https://www.anritsu.com/en-us/test-measurement/technologies/pim

[70] ZHANG, S. *Introduction to passive intermodulation interference.* Xian: Xi an dian zi ke ji da xue chu ban she, 2014. ISBN 9787560634425

[71] LUI, P.L. Passive intermodulation interference in communication systems [online]. *Electronics & Communications Engineering Journal,* 1990, **2**(3), S. 109. ISSN 0018-9219. Verfügbar unter: doi:10.1049/ecej:19900029

[72] ANSUINELLI, P., A.G. SCHUCHINSKY, F. FREZZA und M.B. STEER. Passive Intermodulation Due to Conductor Surface Roughness [online]. *IEEE Transactions on Microwave Theory and Techniques,* 2018, **66**(2), S. 688-699. ISSN 0018-9480. Verfügbar unter: doi:10.1109/TMTT.2017.2784817

[73] ZHANG, S.Q. und D.B. GE. The Generation Mechanism and Analysis of Passive Intermodulation in Metallic Contacts. In: *The 2006 4th Asia-Pacific Conference on Environmental Electromagnetics,* 2006, S. 546-549

[74] BOND, C.D., C.S. GUENZER und C.A. CAROSELLA. Intermodulation generation by electron tunneling through aluminum-oxide films [online]. *Proceedings of the IEEE,* 1979, **67**(12), S. 1643-1652. ISSN 0018-9219. Verfügbar unter: doi:10.1109/PROC.1979.11544

[75] PETIT, J.S. und A.D. RAWLINS. The impact of passive intermodulation on specifying and characterising components. *ESA SP,* 1997, **395**

[76] VINARICKY, E., Hg. *Elektrische Kontakte, Werkstoffe und Anwendungen. Grundlagen, Technologien, Prüfverfahren.* 2.

Auflage. Berlin, Heidelberg: Springer Berlin Heidelberg, 2002. ISBN 9783642626982

[77] HOLM, R. *Electric Contacts. Theory and Application.* Fourth completely rewritten edition. Berlin: Springer, 1967. ISBN 9783662066881

[78] YOUNG, C.E. The danger of intermodulation generation by RF connector hardware containing ferromagnetic materials. *anco,* 1980, S. 20-21

[79] BAILEY, G.C. und A.C. EHRLICH. A study of rf nonlinearities in nickel [online]. *Journal of Applied Physics,* 1979, **50**(1), S. 453-461. ISSN 0021-8979. Verfügbar unter: doi:10.1063/1.325633

[80] HOW, H., C. VITTORIA und R. SCHMIDT. Nonlinear intermodulation coupling in ferrite circulator junctions [online]. *IEEE Transactions on Microwave Theory and Techniques,* 1997, **45**(2), S. 245-252. ISSN 0018-9480. Verfügbar unter: doi:10.1109/22.557606

[81] WU, Y., W.H. KU und J.E. ERICKSON. A Study of Nonlinearities and Intermodulation Characteristics of 3-Port Distributed Circulators [online]. *IEEE Transactions on Microwave Theory and Techniques,* 1976, **24**(2), S. 69-77. ISSN 0018-9480. Verfügbar unter: doi:10.1109/TMTT.1976.1128777

[82] KUMAR, A. Passive IM products threaten high-power satcom systems. *MicWa,* 1987, **26**, S. 98

[83] GHIONE, G. und M. OREFICE. Inter-modulation products generation from carbon fibre reflector antennas. In: *1985 Antennas and Propagation Society International Symposium:* Institute of Electrical and Electronics Engineers, June 1985, S. 153-156

[84] PATENAUDE, Y., J. DALLAIRE, F. MENARD und S. RICHARD. Antenna PIM measurements and associated test facilities. In: *Antennas and Propagation Society International Symposium, 2001. IEEE.* s.l.: IEEE, 2001, S. 620-623. ISBN 0-7803-7070-8

[85] MNIF, H., T. ZIMMER, J.L. BATTAGLIA und S. FREGONESE. Analysis and modeling of the self-heating effect in SiGe HBTs [online]. *EPJAP,* 2004, **25**(1), S. 11-23. ISSN 1286-0042. Verfügbar unter: doi:10.1051/epjap:2003076

[86] BECHTOLD, T., E.B. RUDNYI und J.G. KORVINK. Dynamic electro-thermal simulation of microsystems—a review [online]. *Journal of Micromechanics and Microengineering,* 2005, **15**(11), S. R17-R31. ISSN 0960-1317. Verfügbar unter: doi:10.1088/0960-1317/15/11/R01

[87] YANG, Y.J. und K.Y. SHEN. Nonlinear heat-transfer macromodeling for MEMS thermal devices [online]. *Journal of Micromechanics and Microengineering,* 2004, **15**(2), S. 408. ISSN 0960-1317. Verfügbar unter: doi:10.1088/0960-1317/15/2/022

[88] SHITVOV, A., T. OLSSON und A. SCHUCHINSKY. Current Progress in Phenomenology and Experimental Characterisation of Passive Intermodulation in Printed Circuits. *32nd ESA Antenna Workshop on Antennas for Space Applications,* 2010

[89] MICHAEL B. STEER, GREGORY MAZZARO, JONATHAN R. WILKERSON, KEVIN G. GARD, Hg. *Time-Frequency Effects in Microwave and Radio Frequency Electronics,* 2007

[90] WILKERSON, J.R., K.G. GARD, A.G. SCHUCHINSKY und M.B. STEER. Electro-Thermal Theory of Intermodulation Distortion in Lossy Microwave Components [online]. *IEEE Transactions on Microwave Theory and Techniques,* 2008, **56**(12), S. 2717-2725. ISSN 0018-9480. Verfügbar unter: doi:10.1109/TMTT.2008.2007084

[91] GUO, H., D. WU und Y. XIE. Passive intermodulation of printed dipole antennas: Modeling, evaluation, and experiment [online]. *International Journal of RF and Microwave Computer-Aided Engineering,* 2020. ISSN 1099-047X. Verfügbar unter: doi:10.1002/mmce.22243

[92] SHITVOV, A., A.G. SCHUCHINSKY, M.B. STEER und J.M. WETHERINGTON. Characterisation of nonlinear distortion and intermodulation in passive devices and antennas. In: *Antennas and Propagation (EuCAP), 2014 8th European Conference on.* [Place of publication not identified]: [publisher not identified], 2014, S. 1454-1458. ISBN 978-8-8907-0184-9

[93] ROCAS, E., C. COLLADO, N. ORLOFF und J.C. BOOTH. Third-order intermodulation distortion due to self-heating in gold coplanar waveguides. In: *Microwave Symposium Digest (MTT), 2010 IEEE MTT-S International:* IEEE, 2010, S. 425-428. ISBN 978-1-4244-6056-4

[94] SCHUCHINSKY, A. und M. STEER. Dynamics of resistive electro-thermal nonlinearity. In: *NEMO 2017. IEEE MTT-S International Conference on Numerical Electromagnetic and Multiphysics Modeling and Optimization for RF, Microwave, and Terahertz Applications : May 17-19, 2017, Pabellón de México, Sevilla, Spain.* Piscataway, NJ: IEEE, 2017, S. 73-75. ISBN 978-1-5090-4837-3

[95] BEHRENS, C.F. *Frequency-dependent Heat Capacity: Experimental Work to Improve and Understand Planar Heater Experiments Using the 3[omega] Detection Technique : Ph. D. Thesis:* Roskilde University, 2004

[96] ZHOU, R.J. und X.V. SHAO. PCB-level Electro thermal Coupling Simulation Analysis [online]. *Journal of Physics Conference Series,* 2017, **916**(1), S. 12054. ISSN 1742-6588. Verfügbar unter: doi:10.1088/1742-6596/916/1/012054

[97] POP, E. Energy dissipation and transport in nanoscale devices [online]. *Nano Research,* 2010, **3**(3), S. 147-169. ISSN 1998-0000. Verfügbar unter: doi:10.1007/s12274-010-1019-z

[98] JACKSON, J.D. *Classical electrodynamics.* 2. ed. New York: Wiley, 1975. ISBN 047143132X

[99] THIERAUF, S.C. *High-speed circuit board signal integrity.* Boston: Artech House, 2004. Artech House microwave library. ISBN 1580538460

[100] GUSTRAU, F. *Hochfrequenztechnik: Grundlagen der mobilen Kommunikationstechnik:* Carl Hanser Verlag GmbH & Company KG, 2019. ISBN 9783446460942

[101] STEER, M.B. *Fundamentals of Microwave and RF Design.* 3. Edition. Raleigh, NC: SciTech Publishing, Inc. NC State University, 2019. ISBN 9781469656885

[102] SANFORD, J. Passive intermodulation considerations in antenna design. In: *1993 international symposium digest. Antennas and propagation : the Univeristy [sic] of Michigan, Ann Arbor, Michigan, June 28-July 2, 1993.* New York: Institute of Electrical and Electronics Engineers, 1993, S. 1651-1654. ISBN 0-7803-1246-5

[103] FRIEDRICH, A. *3D manufacturing using laser direct structuring and the application on the development of antenna systems.* Hannover: Dissertation, Gottfried Wilhelm Leibniz Universität Hannover, 2019

[104] GOLD, G. und K. HELMREICH. Modeling of transmission lines with multiple coated conductors. In: *2016 46th European Microwave Conference. 4-6 October 2016 London, UK.* Piscataway, NJ: IEEE, 2016, S. 635-638. ISBN 978-2-87487-043-9

[105] DAO, Q.H., A. FRIEDRICH und B. GECK. Characterization of Electromagnetic Properties of MID Materials for High Frequency Applications up to 67 GHz [online]. *Advanced Materials Research,* 2014, **1038**, S. 63-68. Verfügbar unter: doi:10.4028/www.scientific.net/AMR.1038.63

[106] UNNIKRISHNAN, D. *Mid technology potential for RF passive components and antennas:* Dissertation, Université Grenoble Alpes, 2015

[107] CELANESE. *Zenite LCP Overview* [online], 2013 [Zugriff am: 26. September 2019]

[108] CAMPUS DATASHEETS. Material Datasheet

[109] MITTAL, K.L., Hg. *Polymer surface modification: relevance to adhesion, volume 3*. Utrecht: VSP, 2004. ISBN 906764403X

[110] HÜGEL, H. und T. GRAF. *Laser in der Fertigung:* Vieweg+Teubner, 2009. ISBN 978-3-8351-0005-3

[111] RAULIN, C. und S. KARSAI, Hg. *Lasertherapie der Haut*. Berlin: Springer, 2013. ISBN 978-3-642-29909-4

[112] JOHNSON, S.L., D.M. BUBB und R.F. HAGLUND. Phase explosion and recoil-induced ejection in resonant-infrared laser ablation of polystyrene [online]. *Applied Physics A*, 2009, **96**(3), S. 627-635. ISSN 0947-8396. Verfügbar unter: doi:10.1007/s00339-009-5290-3

[113] FINGER, J.T. *Puls-zu-Puls-Wechselwirkungen beim Ultrakurzpuls-Laserabtrag mit hohen Repetitionsraten*. Aachen: Dissertation, RWTH Aachen University, 2017. Ergebnisse aus der Lasertechnik. ISBN 3863595416

[114] BLIEDTNER, J., H. MÜLLER und A. BARZ. *Lasermaterialbearbeitung*. München: Carl Hanser Verlag GmbH & Co. KG, 2013. ISBN 978-3-446-42168-4

[115] SCHRAMM, R. *Strukturierte additive Metallisierung durch kaltaktives Atmosphärendruckplasma*. Dissertation. Erlangen: Dissertation, Friedrich-Alexander-Universität Erlangen-Nürnberg (FAU), 2015. 273. ISBN 978-3-87525-396-2

[116] BACHY, B. *Experimental Investigation, Modeling, Simulation and Optimization of Molded Interconnect Devices (MID) Based on Laser Direct Structuring (LDS)*. Dissertation. Erlangen: Meisenbach, 2017

[117] STEIN, P., M. PAVETIC und M. NOACK. Multivariate Analyseverfahren [online]. *Universität Duisburg-Essen*, 2011. Verfügbar unter: http://www. uni-due. de/imperia/md/content/soziologie/stein/multivariate. pdf

[118] SCHLÜTER, M. *Neuronale Netze*, 2016

[119] ANDERSON, J.A., Hg. *Neurocomputing*. 5. printing. Cambridge, Mass.: MIT Press, 1990. ISBN 0262010976

[120] PLAßMANN, W. und D. SCHULZ, Hg. *Handbuch Elektrotechnik. Grundlagen und Anwendungen für Elektrotechniker.* 7.,. Auflage. Wiesbaden: Springer Vieweg, 2016. ISBN 9783658070496

[121] HALL, S.H. und H.L. HECK. *Advanced signal integrity for high-speed digital designs.* Hoboken N.J.: Wiley; IEEE, 2009

[122] EUDES, T., B. RAVELO und A. LOUIS. Transient Response Characterization of the High-Speed Interconnection RLCG-Model for the Signal Integrity Analysis [online]. *Progress In Electromagnetics Research,* 2011, **112**, S. 183-197. Verfügbar unter: doi:10.2528/PIER10111805

[123] ZHANG, J. und T.Y. HSIANG. Extraction of Subterahertz Transmission-line Parameters of Coplanar Waveguides [online]. *PIERS Online,* 2007, **3**(7), S. 1102-1106. Verfügbar unter: doi:10.2529/PIERS060912144405

[124] ZHANG, B., Z. ZHAN, Y. CAO, H. GULAN, P. LINNER, J. SUN, T. ZWICK und H. ZIRATH. Metallic 3-D Printed Antennas for Millimeter- and Submillimeter Wave Applications [online]. *IEEE Transactions on Terahertz Science and Technology,* 2016, **6**(4), S. 592-600. ISSN 2156-342X. Verfügbar unter: doi:10.1109/TTHZ.2016.2562508

[125] D'AURIA, M., W.J. OTTER, J. HAZELL, B.T.W. GILLATT, C. LONG-COLLINS, N.M. RIDLER und S. LUCYSZYN. 3-D Printed Metal-Pipe Rectangular Waveguides [online]. *IEEE Transactions on Components, Packaging and Manufacturing Technology,* 2015, **5**(9), S. 1339-1349. ISSN 2156-3950. Verfügbar unter: doi:10.1109/TCPMT.2015.2462130

[126] LOMAKIN, K., L. KLEIN, L. RINGEL, J. RINGEL, M. SIPPEL, K. HELMREICH und G. GOLD. 3D Printed E-Band Hybrid Coupler [online]. *IEEE Microwave and Wireless Components Letters,* 2019, **29**(9), S. 580-582. ISSN 1531-1309. Verfügbar unter: doi:10.1109/LMWC.2019.2931458

[127] HINAGA, S., M. KOLEDINTSEVA, P. ANMULA und J. DREWNIAK. Effect of Conductor Surface Roughness upon Measured Loss and Extracted Values of PCB Laminate Material Dissipation Factor. *Proc. Tech. Conf. IPC Expo/APEX,* 2009, **5**

[128] OKUBO, T., T. SUDO, T. HOSOI, H. TSUYOSHI und F. KUWAKO. Signal transmission loss on printed circuit board in GHz frequency region. *2013 IEEE Electrical Design of Advanced Packaging Systems Symposium (EDAPS),* 2013, S. 112-115

[129] ROCAS, E., C. COLLADO, J. MATEU, N. ORLOFF und J.C. BOOTH. Modeling of Self-Heating Mechanism in the Design of Superconducting Limiters [online]. *IEEE Transactions on Applied Superconductivity,* 2011, **21**(3), S. 547-550. ISSN 1051-8223. Verfügbar unter: doi:10.1109/TASC.2010.2090449

[130] VUOLEVI, J.H.K., T. RAHKONEN und J.P.A. MANNINEN. Measurement technique for characterizing memory effects in RF power amplifiers [online]. *IEEE Transactions on Microwave Theory and Techniques,* 2001, **49**(8), S. 1383-1389. ISSN 0018-9480. Verfügbar unter: doi:10.1109/22.939917

[131] HÄNNINEN, T. *Implementing the 3-omega technique for thermal conductivity measurements.* Dissertation. Finland, 2013

[132] CAHILL, D.G. Thermal conductivity measurement from 30 to 750 K: the 3ω method [online]. *Review of Scientific Instruments,* 1998, **61**(2), S. 802. ISSN 0034-6748. Verfügbar unter: doi:10.1063/1.1141498

[133] CARSLAW, H.S. und J.C. JAEGER. *Conduction of heat in solids.* 2. ed. Oxford: Clarendon, 1980. ISBN 0198533039

[134] HAHN, D.W. und M.N. ÖZIȘIK. *Heat conduction.* 3.ed. Hoboken, NJ: Wiley, 2012. ISBN 9781118321973

[135] HADEED, A. und F.A. MOHAMMADI. Development of a compact thermal model for electronic package. In: *Electrical and Computer Engineering (CCECE), 2014 IEEE 27th Canadian Conference on:* IEEE, 4. Mai 2014 - 7. Mai 2014, S. 1-6. ISBN 978-1-4799-3101-9

[136] ŽECOVÁ, M. und J. TERPÁK. Heat conduction modeling by using fractional-order derivatives [online]. *Applied Mathematics and Computation,* 2015, **257**, S. 365-373. ISSN 0096-3003. Verfügbar unter: doi:10.1016/j.amc.2014.12.136

[137] AAEN, P., J.A. PLÁ und J. WOOD. *Modeling and Characterization of RF and Microwave Power FETs:* Cambridge University Press, 2007. The Cambridge RF and Microwave Engineering Series. ISBN 9781139468121

[138] SAHOO, A.K., S. FREGONESE, M. WEISS, N. MALBERT und T. ZIMMER. Electro-thermal dynamic simulation and thermal spreading impedance modeling of Si-Ge HBTs. In: *IEEE Bipolar/BiCMOS Circuits and Technology Meeting (BCTM), 2011. 9-11 Oct. 2011, Atlanta, GA, USA, 9-11 October 2011.* Piscataway, NJ: IEEE, 2011, S. 45-48. ISBN 978-1-61284-166-3

[139] BATTY, W., C.E. CHRISTOFFERSEN, A.J. PANKS, S. DAVID, C.M. SNOWDEN und M.B. STEER. Electrothermal CAD of power devices and circuits with fully physical time-dependent compact thermal modeling of complex nonlinear 3-d systems [online]. *IEEE Transactions on Components and Packaging Technologies,* 2001, **24**(4), S. 566-590. ISSN 15213331. Verfügbar unter: doi:10.1109/6144.974944

[140] SZEPESSY, Z. und I. ZOLTAN. Thermal dynamic model of precision wire-wound resistors. In: *IMTC/2001. Proceedings of the 18th IEEE Instrumentation and Measurement Technology Conference : Rediscovering measurement in the age of informatics : Budapest Convention Centre, Budapest, Hungary, 21-23 May, 2001.* Piscataway, N.J.: IEEE, 2001, S. 1866-1871. ISBN 0-7803-6646-8

[141] TADEU, A., J. ANTÓNIO und N. SIMÕES. 2.5D Green's Functions in the Frequency Domain for Heat Conduction Problems in Unbounded, Half-space, Slab and Layered Media [online]. *Computer Modeling in Engineering & Sciences,* 2004, **6**(1), S. 43-58. ISSN 1526-1506. Verfügbar unter: doi:10.3970/cmes.2004.006.043

[142] JABER, W. und P.O. CHAPUIS. Non-idealities in the 3ω method for thermal characterization in the low- and high-frequency regimes [online]. *AIP Advances,* 2018, **8**(4), S. 45111. Verfügbar unter: doi:10.1063/1.5027396

[143] KAPPES, R.S., F. SCHONFELD, C. LI, A.A. GOLRIZ, M. NAGEL, T. LIPPERT, H.-J. BUTT und J.S. GUTMANN. A study of photothermal laser ablation of various polymers on microsecond time scales [online]. *SpringerPlus,* 2014, **3**, S. 489. Verfügbar unter: doi:10.1186/2193-1801-3-489

[144] GAMALY, E.G., A.V. RODE, B. LUTHER-DAVIES und V.T. TIKHONCHUK. Ablation of solids by femtosecond lasers: ablation mechanism and ablation thresholds for metals and dielectrics [online]. *Physics of Plasmas,* 2002, **9**(3), S. 949-957. ISSN 1089-7674. Verfügbar unter: doi:10.1063/1.1447555

[145] JIANG, J.G., L. SUN, Z.Y. FAN und J.G. QI. Outlier detection and sequence reconstruction in continuous time series of ocean observation data based on difference analysis and the Dixon criterion [online]. *Limnology and Oceanography: Methods,* 2017, **15**(11), S. 916-927. ISSN 15415856. Verfügbar unter: doi:10.1002/lom3.10212

[146] KERFOOT, D.G.E. Nickel [online]. *Ullmann's Encyclopedia of Industrial Chemistry,* 2000. ISSN 1435-6007. Verfügbar unter: doi:10.1002/14356007.a17_157

[147] GOLD, G. und K. HELMREICH. A Physical Surface Roughness Model and Its Applications [online]. *IEEE Transactions on Microwave Theory and Techniques,* 2017, **65**(10), S. 3720-3732. ISSN 0018-9480. Verfügbar unter: doi:10.1109/TMTT.2017.2695192

[148] LOMAKIN, K., T. PAVLENKO, M. SIPPEL, G. GOLD, K. HELMREICH, M. ANKENBRAND, N. URBAN und J. FRANKE. Impact of Surface Roughness on 3D Printed SLS Horn Antennas. In: *12th European Conference on Antennas and Propagation (EuCAP 2018). 9-13 April 2018.* Stevenage, UK: IET, 2018, 876 (4 pp.)-876 (4 pp.). ISBN 978-1-78561-816-1

[149] ERMANTRAUT, E., H. MULLER, W. EBERHARDT, P. NINZ, F. KERN, R. GADOW und A. ZIMMERMANN. New Process for Selective Additive Metallization of Alumina Ceramic Substrates [online]. *IEEE Transactions on Components, Packaging and Manufacturing Technology,* 2019, **9**(1), S. 138-145. ISSN 2156-3985. Verfügbar unter: doi:10.1109/tcpmt.2018.2881410

[150] NINZ, P., F. KERN, E. ERMANTRAUT, H. MÜLLER, W. EBERHARDT, A. ZIMMERMANN und R. GADOW. Doping of Alumina Substrates for Laser Induced Selective Metallization [online]. *Procedia CIRP,* 2018, **68**, S. 772-777. ISSN 2212-8271. Verfügbar unter: doi:10.1016/j.procir.2017.12.037

[151] KERN, F., P. NINZ, R. GADOW, W. EBERHARDT, S. PETILLON und A. ZIMMERMANN. Selektive laserinduzierte Metallisierung von 3D-Schaltungsträgern aus Aluminiumoxid [online]. *Keramische Zeitschrift,* 2020, **72**(1), S. 42-47. ISSN 2523-8949. Verfügbar unter: doi:10.1007/s42410-020-0102-7

[152] GOLD, G., K. LOMAKIN, K. HELMREICH und U. ARZ. High-Frequency Modeling of Coplanar Waveguides Including Surface Roughness [online]. *Advances in Radio Science,* 2019, **17**, S. 51-57. Verfügbar unter: doi:10.5194/ars-17-51-2019

Verzeichnis promotionsbezogener, eigener Publikationen

[P1] WANG, L., R. SUESS-WOLF, M. ULM und J. FRANKE. Investigation of the laser ablation threshold for optimizing Laser Direct Structuring in the 3D-MID technology. In: *2018 International Conference on Electronics Packaging and IMAPS All Asia Conference (ICEP-IAAC). Venue: Hotel Hanamizuki, Kuwana, Mie, Japan : dates: April 17 (Tue)-21 (Sat).* Piscataway, NJ: IEEE, 2018, S. 426-429. ISBN 978-4-9902-1885-0

[P2] WANG, L., K. LOMAKIN, A. JOB, R. SÜß-WOLF, J. FRANKE und G. GOLD. Simulation Assisted Characterization of Attenuation at Microstrip Transmission Lines fabricated by Laser Direct Structuring. In: *Kongress MID 2021*

[P3] WANG, L., Z. FU, R. SUESS-WOLF, N. TRAVITZKY, P. GREIL und J. FRANKE. Laser-Associated Selective Metallization of Ceramic Surface with Infrared Nanosecond Laser Technology [online]. *Advanced Engineering Materials,* 2019, **21**(7), S. 1900096. ISSN 1438-1656. Verfügbar unter: doi:10.1002/adem.201900096

[P4] WANG, L., L. SILVA, R. SÜß-WOLF und J. FRANKE. Prediction of surface roughness of laser selective metallization of ceramics by multiple linear regression and artificial neural networks approaches [online]. *Journal of Laser Applications,* 2020, **32**(4), S. 42013. ISSN 1042-346X. Verfügbar unter: doi:10.2351/7.0000198

[P5] BACHY, B., R. SÜß-WOLF, L. WANG, Z. FU, N. TRAVITZKY, P. GREIL und J. FRANKE. Novel Ceramic-Based Material for the Applications of Molded Interconnect Devices (3D-MID) Based on Laser Direct Structuring [online]. *Advanced Engineering Materials,* 2018, **20**(7), S. 1700824. ISSN 1438-1656. Verfügbar unter: doi:10.1002/adem.201700824

[P6] LOMAKIN, K., L. WANG, A. JOB, R. SÜß-WOLF, J. FRANKE, K. HELMREICH und G. GOLD. Additive Manufacturing of Coplanar Transmission Lines on Alumina Substrate up to 24

GHz using Laser Assisted Selective Metallization. In: *European Microwave Conference 2021, Utrecht*

[P7] FROHLIG, S., N. PIECHULEK, M. FRIEDLEIN, R. SUSWOLF, L. SCHMIDT, M.K.H. NGUYEN, L. WANG, F. HEFNER, P. HEISLER, J. FROHLICH, M. MEINERS und J. FRANKE. Innovative signal and power connection solutions for alternative powertrain concepts. In: 2020 10th International Electric Drives Production Conference (EDPC): IEEE, 8. Dezember 2020 - 9. Dezember 2020, S. 1-7. ISBN 978-1-7281-8458-6

[P8] Verfahren zur Herstellung eines Schaltungsträgers. Erfinder: B. BACHY, J. FRANKE, Z. FU, R. SÜß-WOLF, N. TRAVITZKY UND L. WANG. Anmeldung: 13. Juni 2017. DE102017209993A1

Verzeichnis promotionsbezogener, studentischer Arbeiten

[S1] LYU, C.. *Untersuchung des Prozesseinflusses auf Passive Intermodulation Produkt*. Masterarbeit. Erlangen. 2017

[S2] BUSCH, M.. *Identifikation und Quantifizierung der Wechselwirkungen zwischen Laser und flüssigkristalliner Polymere bei der Laser-Direkt-Strukturierung (LDS) mittels künstlich neuronalen Netzen*. Projektarbeit. Erlangen. 2018

[S3] LIANG, T.. *Thermische Simulation der Laserablation zur Evaluierung der Laser-Material-Wechselwirkung*. Masterarbeit. Erlangen. 2019

[S4] JOB, A.. *Charakterisierung und Evaluierung der HF-Eigenschaften einer mittels LDS-Verfahren gefertigten Mikrostreifenleitung und Patchantenne für die Automobilindustrie*. Masterarbeit. Erlangen. 2019

Reihenübersicht

Koordination der Reihe (Stand 2022):
Geschäftsstelle Maschinenbau, Dr.-Ing. Oliver Kreis, www.mb.fau.de/diss/

Im Rahmen der Reihe sind bisher die nachfolgenden Bände erschienen.

Band 1 – 52
Fertigungstechnik – Erlangen
ISSN 1431-6226
Carl Hanser Verlag, München

Band 53 – 307
Fertigungstechnik – Erlangen
ISSN 1431-6226
Meisenbach Verlag, Bamberg

ab Band 308
FAU Studien aus dem Maschinenbau
ISSN 2625-9974
FAU University Press, Erlangen

Die Zugehörigkeit zu den jeweiligen Lehrstühlen ist wie folgt gekennzeichnet:

Lehrstühle:

FAPS	Lehrstuhl für Fertigungsautomatisierung und Produktionssystematik
FMT	Lehrstuhl für Fertigungsmesstechnik
KTmfk	Lehrstuhl für Konstruktionstechnik
LFT	Lehrstuhl für Fertigungstechnologie
LPT	Lehrstuhl für Photonische Technologien
REP	Lehrstuhl für Ressourcen- und Energieeffiziente Produktionsmaschinen

Band 1: Andreas Hemberger
Innovationspotentiale in der rechnerintegrierten Produktion durch wissensbasierte Systeme
FAPS, 208 Seiten, 107 Bilder. 1988.
ISBN 3-446-15234-2.

Band 2: Detlef Classe
Beitrag zur Steigerung der Flexibilität automatisierter Montagesysteme durch Sensorintegration und erweiterte Steuerungskonzepte
FAPS, 194 Seiten, 70 Bilder. 1988.
ISBN 3-446-15529-5.

Band 3: Friedrich-Wilhelm Nolting
Projektierung von Montagesystemen
FAPS, 201 Seiten, 107 Bilder, 1 Tab. 1989.
ISBN 3-446-15541-4.

Band 4: Karsten Schlüter
Nutzungsgradsteigerung von Montagesystemen durch den Einsatz der Simulationstechnik
FAPS, 177 Seiten, 97 Bilder. 1989.
ISBN 3-446-15542-2.

Band 5: Shir-Kuan Lin
Aufbau von Modellen zur Lageregelung von Industrierobotern
FAPS, 168 Seiten, 46 Bilder. 1989.
ISBN 3-446-15546-5.

Band 6: Rudolf Nuss
Untersuchungen zur Bearbeitungsqualität im Fertigungssystem Laserstrahlschneiden
LFT, 206 Seiten, 115 Bilder, 6 Tab. 1989.
ISBN 3-446-15783-2.

Band 7: Wolfgang Scholz
Modell zur datenbankgestützten Planung automatisierter Montageanlagen
FAPS, 194 Seiten, 89 Bilder. 1989.
ISBN 3-446-15825-1.

Band 8: Hans-Jürgen Wißmeier
Beitrag zur Beurteilung des Bruchverhaltens von Hartmetall-Fließpreßmatrizen
LFT, 179 Seiten, 99 Bilder, 9 Tab. 1989.
ISBN 3-446-15921-5.

Band 9: Rainer Eisele
Konzeption und Wirtschaftlichkeit von Planungssystemen in der Produktion
FAPS, 183 Seiten, 86 Bilder. 1990.
ISBN 3-446-16107-4.

Band 10: Rolf Pfeiffer
Technologisch orientierte Montageplanung am Beispiel der Schraubtechnik
FAPS, 216 Seiten, 102 Bilder, 16 Tab. 1990.
ISBN 3-446-16161-9.

Band 11: Herbert Fischer
Verteilte Planungssysteme zur Flexibilitätssteigerung der rechnerintegrierten Teilefertigung
FAPS, 201 Seiten, 82 Bilder. 1990.
ISBN 3-446-16105-8.

Band 12: Gerhard Kleineidam
CAD/CAP: Rechnergestützte Montagefeinplanung
FAPS, 203 Seiten, 107 Bilder. 1990.
ISBN 3-446-16112-0.

Band 13: Frank Vollertsen
Pulvermetallurgische Verarbeitung eines übereutektoiden verschleißfesten Stahls
LFT, XIII u. 217 Seiten, 67 Bilder, 34 Tab. 1990. ISBN 3-446-16133-3.

Band 14: Stephan Biermann
Untersuchungen zur Anlagen- und Prozeßdiagnostik für das Schneiden mit CO2-Hochleistungslasern
LFT, VIII u. 170 Seiten, 93 Bilder, 4 Tab. 1991. ISBN 3-446-16269-0.

Band 15: Uwe Geißler
Material- und Datenfluß in einer flexiblen Blechbearbeitungszelle
LFT, 124 Seiten, 41 Bilder, 7 Tab. 1991. ISBN 3-446-16358-1.

Band 16: Frank Oswald Hake
Entwicklung eines rechnergestützten Diagnosesystems für automatisierte Montagezellen
FAPS, XIV u. 166 Seiten, 77 Bilder. 1991. ISBN 3-446-16428-6.

Band 17: Herbert Reichel
Optimierung der Werkzeugbereitstellung durch rechnergestützte Arbeitsfolgenbestimmung
FAPS, 198 Seiten, 73 Bilder, 2 Tab. 1991. ISBN 3-446-16453-7.

Band 18: Josef Scheller
Modellierung und Einsatz von Softwaresystemen für rechnergeführte Montagezellen
FAPS, 198 Seiten, 65 Bilder. 1991. ISBN 3-446-16454-5.

Band 19: Arnold vom Ende
Untersuchungen zum Biegeumforme mit elastischer Matrize
LFT, 166 Seiten, 55 Bilder, 13 Tab. 1991. ISBN 3-446-16493-6.

Band 20: Joachim Schmid
Beitrag zum automatisierten Bearbeiten von Keramikguß mit Industrierobotern
FAPS, XIV u. 176 Seiten, 111 Bilder, 6 Tab. 1991. ISBN 3-446-16560-6.

Band 21: Egon Sommer
Multiprozessorsteuerung für kooperierende Industrieroboter in Montagezellen
FAPS, 188 Seiten, 102 Bilder. 1991. ISBN 3-446-17062-6.

Band 22: Georg Geyer
Entwicklung problemspezifischer Verfahrensketten in der Montage
FAPS, 192 Seiten, 112 Bilder. 1991. ISBN 3-446-16552-5.

Band 23: Rainer Flohr
Beitrag zur optimalen Verbindungstechnik in der Oberflächenmontage (SMT)
FAPS, 186 Seiten, 79 Bilder. 1991. ISBN 3-446-16568-1.

Band 24: Alfons Rief
Untersuchungen zur Verfahrensfolge Laserstrahlschneiden und -schweißen in der Rohkarosseriefertigung
LFT, VI u. 145 Seiten, 58 Bilder, 5 Tab. 1991. ISBN 3-446-16593-2.

Band 25: Christoph Thim
Rechnerunterstützte Optimierung von Materialflußstrukturen in der Elektronikmontage durch Simulation
FAPS, 188 Seiten, 74 Bilder. 1992.
ISBN 3-446-17118-5.

Band 26: Roland Müller
CO2 -Laserstrahlschneiden von kurzglasverstärkten Verbundwerkstoffen
LFT, 141 Seiten, 107 Bilder, 4 Tab. 1992.
ISBN 3-446-17104-5.

Band 27: Günther Schäfer
Integrierte Informationsverarbeitung bei der Montageplanung
FAPS, 195 Seiten, 76 Bilder. 1992.
ISBN 3-446-17117-7.

Band 28: Martin Hoffmann
Entwicklung einer CAD/CAM-Prozeßkette für die Herstellung von Blechbiegeteilen
LFT, 149 Seiten, 89 Bilder. 1992.
ISBN 3-446-17154-1.

Band 29: Peter Hoffmann
Verfahrensfolge Laserstrahlschneiden und -schweißen: Prozeßführung und Systemtechnik in der 3D-Laserstrahlbearbeitung von Blechformteilen
LFT, 186 Seiten, 92 Bilder, 10 Tab. 1992.
ISBN 3-446-17153-3.

Band 30: Olaf Schrödel
Flexible Werkstattsteuerung mit objektorientierten Softwarestrukturen
FAPS, 180 Seiten, 84 Bilder. 1992.
ISBN 3-446-17242-4.

Band 31: Hubert Reinisch
Planungs- und Steuerungswerkzeuge zur impliziten Geräteprogrammierung in Roboterzellen
FAPS, XI u. 212 Seiten, 112 Bilder. 1992.
ISBN 3-446-17380-3.

Band 32: Brigitte Bärnreuther
Ein Beitrag zur Bewertung des Kommunikationsverhaltens von Automatisierungsgeräten in flexiblen Produktionszellen
FAPS, XI u. 179 Seiten, 71 Bilder. 1992.
ISBN 3-446-17451-6.

Band 33: Joachim Hutfless
Laserstrahlregelung und Optikdiagnostik in der Strahlführung einer CO2-Hochleistungslaseranlage
LFT, 175 Seiten, 70 Bilder, 17 Tab. 1993.
ISBN 3-446-17532-6.

Band 34: Uwe Günzel
Entwicklung und Einsatz eines Simulationsverfahrens für operative und strategische Probleme der Produktionsplanung und -steuerung
FAPS, XIV u. 170 Seiten, 66 Bilder, 5 Tab. 1993. ISBN 3-446-17604-7.

Band 35: Bertram Ehmann
Operatives Fertigungscontrolling durch Optimierung auftragsbezogener Bearbeitungsabläufe in der Elektronikfertigung
FAPS, XV u. 167 Seiten, 114 Bilder. 1993.
ISBN 3-446-17658-6.

Band 36: Harald Kolléra
Entwicklung eines benutzerorientierten Werkstattprogrammiersystems für das Laserstrahlschneiden
LFT, 129 Seiten, 66 Bilder, 1 Tab. 1993.
ISBN 3-446-17719-1.

Band 37: Stephanie Abels
Modellierung und Optimierung von Montageanlagen in einem integrierten Simulationssystem
FAPS, 188 Seiten, 88 Bilder. 1993.
ISBN 3-446-17731-0.

Band 38: Robert Schmidt-Hebbel
Laserstrahlbohren durchflußbestimmender Durchgangslöcher
LFT, 145 Seiten, 63 Bilder, 11 Tab. 1993.
ISBN 3-446-17778-7.

Band 39: Norbert Lutz
Oberflächenfeinbearbeitung keramischer Werkstoffe mit XeCl-Excimerlaserstrahlung
LFT, 187 Seiten, 98 Bilder, 29 Tab. 1994.
ISBN 3-446-17970-4.

Band 40: Konrad Grampp
Rechnerunterstützung bei Test und Schulung an Steuerungssoftware von SMD-Bestücklinien
FAPS, 178 Seiten, 88 Bilder. 1995.
ISBN 3-446-18173-3.

Band 41: Martin Koch
Wissensbasierte Unterstützung der Angebotsbearbeitung in der Investitionsgüterindustrie
FAPS, 169 Seiten, 68 Bilder. 1995.
ISBN 3-446-18174-1.

Band 42: Armin Gropp
Anlagen- und Prozeßdiagnostik beim Schneiden mit einem gepulsten Nd:YAG-Laser
LFT, 160 Seiten, 88 Bilder, 7 Tab. 1995.
ISBN 3-446-18241-1.

Band 43: Werner Heckel
Optische 3D-Konturerfassung und on-line Biegewinkelmessung mit dem Lichtschnittverfahren
LFT, 149 Seiten, 43 Bilder, 11 Tab. 1995.
ISBN 3-446-18243-8.

Band 44: Armin Rothhaupt
Modulares Planungssystem zur Optimierung der Elektronikfertigung
FAPS, 180 Seiten, 101 Bilder. 1995.
ISBN 3-446-18307-8.

Band 45: Bernd Zöllner
Adaptive Diagnose in der Elektronikproduktion
FAPS, 195 Seiten, 74 Bilder, 3 Tab. 1995.
ISBN 3-446-18308-6.

Band 46: Bodo Vormann
Beitrag zur automatisierten Handhabungsplanung komplexer Blechbiegeteile
LFT, 126 Seiten, 89 Bilder, 3 Tab. 1995.
ISBN 3-446-18345-0.

Band 47: Peter Schnepf
Zielkostenorientierte Montageplanung
FAPS, 144 Seiten, 75 Bilder. 1995.
ISBN 3-446-18397-3.

Band 48: Rainer Klotzbücher
Konzept zur rechnerintegrierten Materialversorgung in flexiblen Fertigungssystemen
FAPS, 156 Seiten, 62 Bilder. 1995.
ISBN 3-446-18412-0.

Band 49: Wolfgang Greska
Wissensbasierte Analyse und Klassifizierung von Blechteilen
LFT, 144 Seiten, 96 Bilder. 1995.
ISBN 3-446-18462-7.

Band 50: Jörg Franke
Integrierte Entwicklung neuer Produkt- und Produktionstechnologien für räumliche spritzgegossene Schaltungsträger (3-D MID)
FAPS, 196 Seiten, 86 Bilder, 4 Tab. 1995.
ISBN 3-446-18448-1.

Band 51: Franz-Josef Zeller
Sensorplanung und schnelle Sensorregelung für Industrieroboter
FAPS, 190 Seiten, 102 Bilder, 9 Tab. 1995.
ISBN 3-446-18601-8.

Band 52: Michael Solvie
Zeitbehandlung und Multimedia-Unterstützung in Feldkommunikationssystemen
FAPS, 200 Seiten, 87 Bilder, 35 Tab. 1996.
ISBN 3-446-18607-7.

Band 53: Robert Hopperdietzel
Reengineering in der Elektro- und Elektronikindustrie
FAPS, 180 Seiten, 109 Bilder, 1 Tab. 1996.
ISBN 3-87525-070-2.

Band 54: Thomas Rebhahn
Beitrag zur Mikromaterialbearbeitung mit Excimerlasern - Systemkomponenten und Verfahrensoptimierungen
LFT, 148 Seiten, 61 Bilder, 10 Tab. 1996.
ISBN 3-87525-075-3.

Band 55: Henning Hanebuth
Laserstrahlhartlöten mit Zweistrahltechnik
LFT, 157 Seiten, 58 Bilder, 11 Tab. 1996.
ISBN 3-87525-074-5.

Band 56: Uwe Schönherr
Steuerung und Sensordatenintegration für flexible Fertigungszellen mit kooperierenden Robotern
FAPS, 188 Seiten, 116 Bilder, 3 Tab. 1996.
ISBN 3-87525-076-1.

Band 57: Stefan Holzer
Berührungslose Formgebung mit Laserstrahlung
LFT, 162 Seiten, 69 Bilder, 11 Tab. 1996.
ISBN 3-87525-079-6.

Band 58: Markus Schultz
Fertigungsqualität beim 3D-Laserstrahlschweißen von Blechformteilen
LFT, 165 Seiten, 88 Bilder, 9 Tab. 1997.
ISBN 3-87525-080-X.

Band 59: Thomas Krebs
Integration elektromechanischer CA-Anwendungen über einem STEP-Produktmodell
FAPS, 198 Seiten, 58 Bilder, 8 Tab. 1997.
ISBN 3-87525-081-8.

Band 60: Jürgen Sturm
Prozeßintegrierte Qualitätssicherung in der Elektronikproduktion
FAPS, 167 Seiten, 112 Bilder, 5 Tab. 1997.
ISBN 3-87525-082-6.

Band 61: Andreas Brand
Prozesse und Systeme zur Bestückung räumlicher elektronischer Baugruppen (3D-MID)
FAPS, 182 Seiten, 100 Bilder. 1997.
ISBN 3-87525-087-7.

Band 62: Michael Kauf
Regelung der Laserstrahlleistung und der Fokusparameter einer CO2-Hochleistungslaseranlage
LFT, 140 Seiten, 70 Bilder, 5 Tab. 1997.
ISBN 3-87525-083-4.

Band 63: Peter Steinwasser
Modulares Informationsmanagement in der integrierten Produkt- und Prozeßplanung
FAPS, 190 Seiten, 87 Bilder. 1997.
ISBN 3-87525-084-2.

Band 64: Georg Liedl
Integriertes Automatisierungskonzept für den flexiblen Materialfluß in der Elektronikproduktion
FAPS, 196 Seiten, 96 Bilder, 3 Tab. 1997.
ISBN 3-87525-086-9.

Band 65: Andreas Otto
Transiente Prozesse beim Laserstrahlschweißen
LFT, 132 Seiten, 62 Bilder, 1 Tab. 1997.
ISBN 3-87525-089-3.

Band 66: Wolfgang Blöchl
Erweiterte Informationsbereitstellung an offenen CNC-Steuerungen zur Prozeß- und Programmoptimierung
FAPS, 168 Seiten, 96 Bilder. 1997.
ISBN 3-87525-091-5.

Band 67: Klaus-Uwe Wolf
Verbesserte Prozeßführung und Prozeßplanung zur Leistungs- und Qualitätssteigerung beim Spulenwickeln
FAPS, 186 Seiten, 125 Bilder. 1997.
ISBN 3-87525-092-3.

Band 68: Frank Backes
Technologieorientierte Bahnplanung für die 3D-Laserstrahlbearbeitung
LFT, 138 Seiten, 71 Bilder, 2 Tab. 1997.
ISBN 3-87525-093-1.

Band 69: Jürgen Kraus
Laserstrahlumformen von Profilen
LFT, 137 Seiten, 72 Bilder, 8 Tab. 1997.
ISBN 3-87525-094-X.

Band 70: Norbert Neubauer
Adaptive Strahlführungen für CO2-Laseranlagen
LFT, 120 Seiten, 50 Bilder, 3 Tab. 1997.
ISBN 3-87525-095-8.

Band 71: Michael Steber
Prozeßoptimierter Betrieb flexibler Schraubstationen in der automatisierten Montage
FAPS, 168 Seiten, 78 Bilder, 3 Tab. 1997.
ISBN 3-87525-096-6.

Band 72: Markus Pfestorf
Funktionale 3D-Oberflächenkenngrößen in der Umformtechnik
LFT, 162 Seiten, 84 Bilder, 15 Tab. 1997.
ISBN 3-87525-097-4.

Band 73: Volker Franke
Integrierte Planung und Konstruktion von Werkzeugen für die Biegebearbeitung
LFT, 143 Seiten, 81 Bilder. 1998.
ISBN 3-87525-098-2.

Band 74: Herbert Scheller
Automatisierte Demontagesysteme und recyclinggerechte Produktgestaltung elektronischer Baugruppen
FAPS, 184 Seiten, 104 Bilder, 17 Tab. 1998.
ISBN 3-87525-099-0.

Band 75: Arthur Meßner
Kaltmassivumformung metallischer Kleinstteile – Werkstoffverhalten, Wirkflächenreibung, Prozeßauslegung
LFT, 164 Seiten, 92 Bilder, 14 Tab. 1998.
ISBN 3-87525-100-8.

Band 76: Mathias Glasmacher
Prozeß- und Systemtechnik zum Laserstrahl-Mikroschweißen
LFT, 184 Seiten, 104 Bilder, 12 Tab. 1998.
ISBN 3-87525-101-6.

Band 77: Michael Schwind
Zerstörungsfreie Ermittlung mechanischer Eigenschaften von Feinblechen mit dem Wirbelstromverfahren
LFT, 124 Seiten, 68 Bilder, 8 Tab. 1998.
ISBN 3-87525-102-4.

Band 78: Manfred Gerhard
Qualitätssteigerung in der Elektronikproduktion durch Optimierung der Prozeßführung beim Löten komplexer Baugruppen
FAPS, 179 Seiten, 113 Bilder, 7 Tab. 1998.
ISBN 3-87525-103-2.

Band 79: Elke Rauh
Methodische Einbindung der Simulation in die betrieblichen Planungs- und Entscheidungsabläufe
FAPS, 192 Seiten, 114 Bilder, 4 Tab. 1998.
ISBN 3-87525-104-0.

Band 80: Sorin Niederkorn
Meßeinrichtung zur Untersuchung der Wirkflächenreibung bei umformtechnischen Prozessen
LFT, 99 Seiten, 46 Bilder, 6 Tab. 1998.
ISBN 3-87525-105-9.

Band 81: Stefan Schuberth
Regelung der Fokuslage beim Schweißen mit CO2-Hochleistungslasern unter Einsatz von adaptiven Optiken
LFT, 140 Seiten, 64 Bilder, 3 Tab. 1998.
ISBN 3-87525-106-7.

Band 82: Armando Walter Colombo
Development and Implementation of Hierarchical Control Structures of Flexible Production Systems Using High Level Petri Nets
FAPS, 216 Seiten, 86 Bilder. 1998.
ISBN 3-87525-109-1.

Band 83: Otto Meedt
Effizienzsteigerung bei Demontage und Recycling durch flexible Demontagetechnologien und optimierte Produktgestaltung
FAPS, 186 Seiten, 103 Bilder. 1998.
ISBN 3-87525-108-3.

Band 84: Knuth Götz
Modelle und effiziente Modellbildung zur Qualitätssicherung in der Elektronikproduktion
FAPS, 212 Seiten, 129 Bilder, 24 Tab. 1998.
ISBN 3-87525-112-1.

Band 85: Ralf Luchs
Einsatzmöglichkeiten leitender Klebstoffe zur zuverlässigen Kontaktierung elektronischer Bauelemente in der SMT
FAPS, 176 Seiten, 126 Bilder, 30 Tab. 1998.
ISBN 3-87525-113-7.

Band 86: Frank Pöhlau
Entscheidungsgrundlagen zur Einführung räumlicher spritzgegossener Schaltungsträger (3-D MID)
FAPS, 144 Seiten, 99 Bilder. 1999.
ISBN 3-87525-114-8.

Band 87: Roland T. A. Kals
Fundamentals on the miniaturization of sheet metal working processes
LFT, 128 Seiten, 58 Bilder, 11 Tab. 1999.
ISBN 3-87525-115-6.

Band 88: Gerhard Luhn
Implizites Wissen und technisches Handeln am Beispiel der Elektronikproduktion
FAPS, 252 Seiten, 61 Bilder, 1 Tab. 1999.
ISBN 3-87525-116-4.

Band 89: Axel Sprenger
Adaptives Streckbiegen von Aluminium-Strangpreßprofilen
LFT, 114 Seiten, 63 Bilder, 4 Tab. 1999.
ISBN 3-87525-117-2.

Band 90: Hans-Jörg Pucher
Untersuchungen zur Prozeßfolge Umformen, Bestücken und Laserstrahllöten von Mikrokontakten
LFT, 158 Seiten, 69 Bilder, 9 Tab. 1999.
ISBN 3-87525-119-9.

Band 91: Horst Arnet
Profilbiegen mit kinematischer Gestalterzeugung
LFT, 128 Seiten, 67 Bilder, 7 Tab. 1999.
ISBN 3-87525-120-2.

Band 92: Doris Schubart
Prozeßmodellierung und Technologieentwicklung beim Abtragen mit CO2-Laserstrahlung
LFT, 133 Seiten, 57 Bilder, 13 Tab. 1999.
ISBN 3-87525-122-9.

Band 93: Adrianus L. P. Coremans
Laserstrahlsintern von Metallpulver - Prozeßmodellierung, Systemtechnik, Eigenschaften laserstrahlgesinterter Metallkörper
LFT, 184 Seiten, 108 Bilder, 12 Tab. 1999.
ISBN 3-87525-124-5.

Band 94: Hans-Martin Biehler
Optimierungskonzepte für Qualitätsdatenverarbeitung und Informationsbereitstellung in der Elektronikfertigung
FAPS, 194 Seiten, 105 Bilder. 1999.
ISBN 3-87525-126-1.

Band 95: Wolfgang Becker
Oberflächenausbildung und tribologische Eigenschaften excimerlaserstrahlbearbeiteter Hochleistungskeramiken
LFT, 175 Seiten, 71 Bilder, 3 Tab. 1999.
ISBN 3-87525-127-X.

Band 96: Philipp Hein
Innenhochdruck-Umformen von Blechpaaren: Modellierung, Prozeßauslegung und Prozeßführung
LFT, 129 Seiten, 57 Bilder, 7 Tab. 1999.
ISBN 3-87525-128-8.

Band 97: Gunter Beitinger
Herstellungs- und Prüfverfahren für thermoplastische Schaltungsträger
FAPS, 169 Seiten, 92 Bilder, 20 Tab. 1999.
ISBN 3-87525-129-6.

Band 98: Jürgen Knoblach
Beitrag zur rechnerunterstützten verursachungsgerechten Angebotskalkulation von Blechteilen mit Hilfe wissensbasierter Methoden
LFT, 155 Seiten, 53 Bilder, 26 Tab. 1999.
ISBN 3-87525-130-X.

Band 99: Frank Breitenbach
Bildverarbeitungssystem zur Erfassung der Anschlußgeometrie elektronischer SMT-Bauelemente
LFT, 147 Seiten, 92 Bilder, 12 Tab. 2000.
ISBN 3-87525-131-8.

Band 100: Bernd Falk
Simulationsbasierte Lebensdauervorhersage für Werkzeuge der Kaltmassivumformung
LFT, 134 Seiten, 44 Bilder, 15 Tab. 2000.
ISBN 3-87525-136-9.

Band 101: Wolfgang Schlögl
Integriertes Simulationsdaten-Management für Maschinenentwicklung und Anlagenplanung
FAPS, 169 Seiten, 101 Bilder, 20 Tab. 2000.
ISBN 3-87525-137-7.

Band 102: Christian Hinsel
Ermüdungsbruchversagen hartstoffbeschichteter Werkzeugstähle in der Kaltmassivumformung
LFT, 130 Seiten, 80 Bilder, 14 Tab. 2000.
ISBN 3-87525-138-5.

Band 103: Stefan Bobbert
Simulationsgestützte Prozessauslegung für das Innenhochdruck-Umformen von Blechpaaren
LFT, 123 Seiten, 77 Bilder. 2000.
ISBN 3-87525-145-8.

Band 104: Harald Rottbauer
Modulares Planungswerkzeug zum Produktionsmanagement in der Elektronikproduktion
FAPS, 166 Seiten, 106 Bilder. 2001.
ISBN 3-87525-139-3.

Band 105: Thomas Hennige
Flexible Formgebung von Blechen durch Laserstrahlumformen
LFT, 119 Seiten, 50 Bilder. 2001.
ISBN 3-87525-140-7.

Band 106: Thomas Menzel
Wissensbasierte Methoden für die rechnergestützte Charakterisierung und Bewertung innovativer Fertigungsprozesse
LFT, 152 Seiten, 71 Bilder. 2001.
ISBN 3-87525-142-3.

Band 107: Thomas Stöckel
Kommunikationstechnische Integration der Prozeßebene in Produktionssysteme durch Middleware-Frameworks
FAPS, 147 Seiten, 65 Bilder, 5 Tab. 2001.
ISBN 3-87525-143-1.

Band 108: Frank Pitter
Verfügbarkeitssteigerung von Werkzeugmaschinen durch Einsatz mechatronischer Sensorlösungen
FAPS, 158 Seiten, 131 Bilder, 8 Tab. 2001.
ISBN 3-87525-144-X.

Band 109: Markus Korneli
Integration lokaler CAP-Systeme in einen globalen Fertigungsdatenverbund
FAPS, 121 Seiten, 53 Bilder, 11 Tab. 2001.
ISBN 3-87525-146-6.

Band 110: Burkhard Müller
Laserstrahljustieren mit Excimer-Lasern - Prozeßparameter und Modelle zur Aktorkonstruktion
LFT, 128 Seiten, 36 Bilder, 9 Tab. 2001.
ISBN 3-87525-159-8.

Band 111: Jürgen Göhringer
Integrierte Telediagnose via Internet zum effizienten Service von Produktionssystemen
FAPS, 178 Seiten, 98 Bilder, 5 Tab. 2001.
ISBN 3-87525-147-4.

Band 112: Robert Feuerstein
Qualitäts- und kosteneffiziente Integration neuer Bauelementetechnologien in die Flachbaugruppenfertigung
FAPS, 161 Seiten, 99 Bilder, 10 Tab. 2001.
ISBN 3-87525-151-2.

Band 113: Marcus Reichenberger
Eigenschaften und Einsatzmöglichkeiten alternativer Elektroniklote in der Oberflächenmontage (SMT)
FAPS, 165 Seiten, 97 Bilder, 18 Tab. 2001.
ISBN 3-87525-152-0.

Band 114: Alexander Huber
Justieren vormontierter Systeme mit dem Nd:YAG-Laser unter Einsatz von Aktoren
LFT, 122 Seiten, 58 Bilder, 5 Tab. 2001.
ISBN 3-87525-153-9.

Band 115: Sami Krimi
Analyse und Optimierung von Montagesystemen in der Elektronikproduktion
FAPS, 155 Seiten, 88 Bilder, 3 Tab. 2001.
ISBN 3-87525-157-1.

Band 116: Marion Merklein
Laserstrahlumformen von Aluminiumwerkstoffen - Beeinflussung der Mikrostruktur und der mechanischen Eigenschaften
LFT, 122 Seiten, 65 Bilder, 15 Tab. 2001.
ISBN 3-87525-156-3.

Band 117: Thomas Collisi
Ein informationslogistisches Architekturkonzept zur Akquisition simulationsrelevanter Daten
FAPS, 181 Seiten, 105 Bilder, 7 Tab. 2002.
ISBN 3-87525-164-4.

Band 118: Markus Koch
Rationalisierung und ergonomische Optimierung im Innenausbau durch den Einsatz moderner Automatisierungstechnik
FAPS, 176 Seiten, 98 Bilder, 9 Tab. 2002.
ISBN 3-87525-165-2.

Band 119: Michael Schmidt
Prozeßregelung für das Laserstrahl-Punktschweißen in der Elektronikproduktion
LFT, 152 Seiten, 71 Bilder, 3 Tab. 2002.
ISBN 3-87525-166-0.

Band 120: Nicolas Tiesler
Grundlegende Untersuchungen zum Fließpressen metallischer Kleinstteile
LFT, 126 Seiten, 78 Bilder, 12 Tab. 2002.
ISBN 3-87525-175-X.

Band 121: Lars Pursche
Methoden zur technologieorientierten Programmierung für die 3D-Lasermikrobearbeitung
LFT, 111 Seiten, 39 Bilder, 0 Tab. 2002.
ISBN 3-87525-183-0.

Band 122: Jan-Oliver Brassel
Prozeßkontrolle beim Laserstrahl-Mikroschweißen
LFT, 148 Seiten, 72 Bilder, 12 Tab. 2002.
ISBN 3-87525-181-4.

Band 123: Mark Geisel
Prozeßkontrolle und -steuerung beim Laserstrahlschweißen mit den Methoden der nichtlinearen Dynamik
LFT, 135 Seiten, 46 Bilder, 2 Tab. 2002.
ISBN 3-87525-180-6.

Band 124: Gerd Eßer
Laserstrahlunterstützte Erzeugung metallischer Leiterstrukturen auf Thermoplastsubstraten für die MID-Technik
LFT, 148 Seiten, 60 Bilder, 6 Tab. 2002.
ISBN 3-87525-171-7.

Band 125: Marc Fleckenstein
Qualität laserstrahl-gefügter Mikroverbindungen elektronischer Kontakte
LFT, 159 Seiten, 77 Bilder, 7 Tab. 2002.
ISBN 3-87525-170-9.

Band 126: Stefan Kaufmann
Grundlegende Untersuchungen zum Nd:YAG- Laserstrahlfügen von Silizium für Komponenten der Optoelektronik
LFT, 159 Seiten, 100 Bilder, 6 Tab. 2002.
ISBN 3-87525-172-5.

Band 127: Thomas Fröhlich
Simultanes Löten von Anschlußkontakten elektronischer Bauelemente mit Diodenlaserstrahlung
LFT, 143 Seiten, 75 Bilder, 6 Tab. 2002.
ISBN 3-87525-186-5.

Band 128: Achim Hofmann
Erweiterung der Formgebungsgrenzen beim Umformen von Aluminiumwerkstoffen durch den Einsatz prozessangepasster Platinen
LFT, 113 Seiten, 58 Bilder, 4 Tab. 2002.
ISBN 3-87525-182-2.

Band 129: Ingo Kriebitzsch
3 - D MID Technologie in der Automobilelektronik
FAPS, 129 Seiten, 102 Bilder, 10 Tab. 2002.
ISBN 3-87525-169-5.

Band 130: Thomas Pohl
Fertigungsqualität und Umformbarkeit laserstrahlgeschweißter Formplatinen aus Aluminiumlegierungen
LFT, 133 Seiten, 93 Bilder, 12 Tab. 2002.
ISBN 3-87525-173-3.

Band 131: Matthias Wenk
Entwicklung eines konfigurierbaren Steuerungssystems für die flexible Sensorführung von Industrierobotern
FAPS, 167 Seiten, 85 Bilder, 1 Tab. 2002.
ISBN 3-87525-174-1.

Band 132: Matthias Negendanck
Neue Sensorik und Aktorik für Bearbeitungsköpfe zum Laserstrahlschweißen
LFT, 116 Seiten, 60 Bilder, 14 Tab. 2002.
ISBN 3-87525-184-9.

Band 133: Oliver Kreis
Integrierte Fertigung - Verfahrensintegration durch Innenhochdruck-Umformen, Trennen und Laserstrahlschweißen in einem Werkzeug sowie ihre tele- und multimediale Präsentation
LFT, 167 Seiten, 90 Bilder, 43 Tab. 2002.
ISBN 3-87525-176-8.

Band 134: Stefan Trautner
Technische Umsetzung produktbezogener Instrumente der Umweltpolitik bei Elektro- und Elektronikgeräten
FAPS, 179 Seiten, 92 Bilder, 11 Tab. 2002.
ISBN 3-87525-177-6.

Band 135: Roland Meier
Strategien für einen produktorientierten Einsatz räumlicher spritzgegossener Schaltungsträger (3-D MID)
FAPS, 155 Seiten, 88 Bilder, 14 Tab. 2002.
ISBN 3-87525-178-4.

Band 136: Jürgen Wunderlich
Kostensimulation - Simulationsbasierte Wirtschaftlichkeitsregelung komplexer Produktionssysteme
FAPS, 202 Seiten, 119 Bilder, 17 Tab. 2002.
ISBN 3-87525-179-2.

Band 137: Stefan Novotny
Innenhochdruck-Umformen von Blechen aus Aluminium- und Magnesiumlegierungen bei erhöhter Temperatur
LFT, 132 Seiten, 82 Bilder, 6 Tab. 2002.
ISBN 3-87525-185-7.

Band 138: Andreas Licha
Flexible Montageautomatisierung zur Komplettmontage flächenhafter Produktstrukturen durch kooperierende Industrieroboter
FAPS, 158 Seiten, 87 Bilder, 8 Tab. 2003.
ISBN 3-87525-189-X.

Band 139: Michael Eisenbarth
Beitrag zur Optimierung der Aufbau- und Verbindungstechnik für mechatronische Baugruppen
FAPS, 207 Seiten, 141 Bilder, 9 Tab. 2003.
ISBN 3-87525-190-3.

Band 140: Frank Christoph
Durchgängige simulationsgestützte Planung von Fertigungseinrichtungen der Elektronikproduktion
FAPS, 187 Seiten, 107 Bilder, 9 Tab. 2003.
ISBN 3-87525-191-1.

Band 141: Hinnerk Hagenah
Simulationsbasierte Bestimmung der zu erwartenden Maßhaltigkeit für das Blechbiegen
LFT, 131 Seiten, 36 Bilder, 26 Tab. 2003.
ISBN 3-87525-192-X.

Band 142: Ralf Eckstein
Scherschneiden und Biegen metallischer Kleinstteile - Materialeinfluss und Materialverhalten
LFT, 148 Seiten, 71 Bilder, 19 Tab. 2003.
ISBN 3-87525-193-8.

Band 143: Frank H. Meyer-Pittroff
Excimerlaserstrahlbiegen dünner metallischer Folien mit homogener Lichtlinie
LFT, 138 Seiten, 60 Bilder, 16 Tab. 2003.
ISBN 3-87525-196-2.

Band 144: Andreas Kach
Rechnergestützte Anpassung von Laserstrahlschneidbahnen an Bauteilabweichungen
LFT, 139 Seiten, 69 Bilder, 11 Tab. 2004.
ISBN 3-87525-197-0.

Band 145: Stefan Hierl
System- und Prozeßtechnik für das simultane Löten mit Diodenlaserstrahlung von elektronischen Bauelementen
LFT, 124 Seiten, 66 Bilder, 4 Tab. 2004.
ISBN 3-87525-198-9.

Band 146: Thomas Neudecker
Tribologische Eigenschaften keramischer Blechumformwerkzeuge- Einfluss einer Oberflächenendbearbeitung mittels Excimerlaserstrahlung
LFT, 166 Seiten, 75 Bilder, 26 Tab. 2004.
ISBN 3-87525-200-4.

Band 147: Ulrich Wenger
Prozessoptimierung in der Wickeltechnik durch innovative maschinenbauliche und regelungstechnische Ansätze
FAPS, 132 Seiten, 88 Bilder, 0 Tab. 2004.
ISBN 3-87525-203-9.

Band 148: Stefan Slama
Effizienzsteigerung in der Montage durch marktorientierte Montagestrukturen und erweiterte Mitarbeiterkompetenz
FAPS, 188 Seiten, 125 Bilder, 0 Tab. 2004.
ISBN 3-87525-204-7.

Band 149: Thomas Wurm
Laserstrahljustieren mittels Aktoren-Entwicklung von Konzepten und Methoden für die rechnerunterstützte Modellierung und Optimierung von komplexen Aktorsystemen in der Mikrotechnik
LFT, 122 Seiten, 51 Bilder, 9 Tab. 2004.
ISBN 3-87525-206-3.

Band 150: Martino Celeghini
Wirkmedienbasierte Blechumformung: Grundlagenuntersuchungen zum Einfluss von Werkstoff und Bauteilgeometrie
LFT, 146 Seiten, 77 Bilder, 6 Tab. 2004.
ISBN 3-87525-207-1.

Band 151: Ralph Hohenstein
Entwurf hochdynamischer Sensor- und Regelsysteme für die adaptive Laserbearbeitung
LFT, 282 Seiten, 63 Bilder, 16 Tab. 2004.
ISBN 3-87525-210-1.

Band 152: Angelika Hutterer
Entwicklung prozessüberwachender Regelkreise für flexible Formgebungsprozesse
LFT, 149 Seiten, 57 Bilder, 2 Tab. 2005.
ISBN 3-87525-212-8.

Band 153: Emil Egerer
Massivumformen metallischer Kleinstteile bei erhöhter Prozesstemperatur
LFT, 158 Seiten, 87 Bilder, 10 Tab. 2005.
ISBN 3-87525-213-6.

Band 154: Rüdiger Holzmann
Strategien zur nachhaltigen Optimierung von Qualität und Zuverlässigkeit in der Fertigung hochintegrierter Flachbaugruppen
FAPS, 186 Seiten, 99 Bilder, 19 Tab. 2005.
ISBN 3-87525-217-9.

Band 155: Marco Nock
Biegeumformen mit Elastomerwerkzeugen Modellierung, Prozessauslegung und Abgrenzung des Verfahrens am Beispiel des Rohrbiegens
LFT, 164 Seiten, 85 Bilder, 13 Tab. 2005.
ISBN 3-87525-218-7.

Band 156: Frank Niebling
Qualifizierung einer Prozesskette zum Laserstrahlsintern metallischer Bauteile
LFT, 148 Seiten, 89 Bilder, 3 Tab. 2005.
ISBN 3-87525-219-5.

Band 157: Markus Meiler
Großserientauglichkeit trockenschmierstoffbeschichteter Aluminiumbleche im Presswerk Grundlegende Untersuchungen zur Tribologie, zum Umformverhalten und Bauteilversuche
LFT, 104 Seiten, 57 Bilder, 21 Tab. 2005.
ISBN 3-87525-221-7.

Band 158: Agus Sutanto
Solution Approaches for Planning of Assembly Systems in Three-Dimensional Virtual Environments
FAPS, 169 Seiten, 98 Bilder, 3 Tab. 2005.
ISBN 3-87525-220-9.

Band 159: Matthias Boiger
Hochleistungssysteme für die Fertigung elektronischer Baugruppen auf der Basis flexibler Schaltungsträger
FAPS, 175 Seiten, 111 Bilder, 8 Tab. 2005.
ISBN 3-87525-222-5.

Band 160: Matthias Pitz
Laserunterstütztes Biegen höchstfester Mehrphasenstähle
LFT, 120 Seiten, 73 Bilder, 11 Tab. 2005.
ISBN 3-87525-223-3.

Band 161: Meik Vahl
Beitrag zur gezielten Beeinflussung des Werkstoffflusses beim Innenhochdruck-Umformen von Blechen
LFT, 165 Seiten, 94 Bilder, 15 Tab. 2005.
ISBN 3-87525-224-1.

Band 162: Peter K. Kraus
Plattformstrategien - Realisierung einer varianz- und kostenoptimierten Wertschöpfung
FAPS, 181 Seiten, 95 Bilder, 0 Tab. 2005.
ISBN 3-87525-226-8.

Band 163: Adrienn Cser
Laserstrahlschmelzabtrag - Prozessanalyse und -modellierung
LFT, 146 Seiten, 79 Bilder, 3 Tab. 2005.
ISBN 3-87525-227-6.

Band 164: Markus C. Hahn
Grundlegende Untersuchungen zur Herstellung von Leichtbauverbundstrukturen mit Aluminiumschaumkern
LFT, 143 Seiten, 60 Bilder, 16 Tab. 2005.
ISBN 3-87525-228-4.

Band 165: Gordana Michos
Mechatronische Ansätze zur Optimierung von Vorschubachsen
FAPS, 146 Seiten, 87 Bilder, 17 Tab. 2005.
ISBN 3-87525-230-6.

Band 166: Markus Stark
Auslegung und Fertigung hochpräziser Faser-Kollimator-Arrays
LFT, 158 Seiten, 115 Bilder, 11 Tab. 2005.
ISBN 3-87525-231-4.

Band 167: Yurong Zhou
Kollaboratives Engineering Management in der integrierten virtuellen Entwicklung der Anlagen für die Elektronikproduktion
FAPS, 156 Seiten, 84 Bilder, 6 Tab. 2005.
ISBN 3-87525-232-2.

Band 168: Werner Enser
Neue Formen permanenter und lösbarer elektrischer Kontaktierungen für mechatronische Baugruppen
FAPS, 190 Seiten, 112 Bilder, 5 Tab. 2005.
ISBN 3-87525-233-0.

Band 169: Katrin Melzer
Integrierte Produktpolitik bei elektrischen und elektronischen Geräten zur Optimierung des Product-Life-Cycle
FAPS, 155 Seiten, 91 Bilder, 17 Tab. 2005.
ISBN 3-87525-234-9.

Band 170: Alexander Putz
Grundlegende Untersuchungen zur Erfassung der realen Vorspannung von armierten Kaltfließpresswerkzeugen mittels Ultraschall
LFT, 137 Seiten, 71 Bilder, 15 Tab. 2006.
ISBN 3-87525-237-3.

Band 171: Martin Prechtl
Automatisiertes Schichtverfahren für metallische Folien - System- und Prozesstechnik
LFT, 154 Seiten, 45 Bilder, 7 Tab. 2006.
ISBN 3-87525-238-1.

Band 172: Markus Meidert
Beitrag zur deterministischen Lebensdauerabschätzung von Werkzeugen der Kaltmassivumformung
LFT, 131 Seiten, 78 Bilder, 9 Tab. 2006.
ISBN 3-87525-239-X.

Band 173: Bernd Müller
Robuste, automatisierte Montagesysteme durch adaptive Prozessführung und montageübergreifende Fehlerprävention am Beispiel flächiger Leichtbauteile
FAPS, 147 Seiten, 77 Bilder, 0 Tab. 2006.
ISBN 3-87525-240-3.

Band 174: Alexander Hofmann
Hybrides Laserdurchstrahlschweißen von Kunststoffen
LFT, 136 Seiten, 72 Bilder, 4 Tab. 2006.
ISBN 978-3-87525-243-9.

Band 175: Peter Wölflick
Innovative Substrate und Prozesse mit feinsten Strukturen für bleifreie Mechatronik-Anwendungen
FAPS, 177 Seiten, 148 Bilder, 24 Tab. 2006.
ISBN 978-3-87525-246-0.

Band 176: Attila Komlodi
Detection and Prevention of Hot Cracks during Laser Welding of Aluminium Alloys Using Advanced Simulation Methods
LFT, 155 Seiten, 89 Bilder, 14 Tab. 2006.
ISBN 978-3-87525-248-4.

Band 177: Uwe Popp
Grundlegende Untersuchungen zum Laserstrahlstrukturieren von Kaltmassivumformwerkzeugen
LFT, 140 Seiten, 67 Bilder, 16 Tab. 2006.
ISBN 978-3-87525-249-1.

Band 178: Veit Rückel
Rechnergestützte Ablaufplanung und Bahngenerierung Für kooperierende Industrieroboter
FAPS, 148 Seiten, 75 Bilder, 7 Tab. 2006.
ISBN 978-3-87525-250-7.

Band 179: Manfred Dirscherl
Nicht-thermische Mikrojustiertechnik mittels ultrakurzer Laserpulse
LFT, 154 Seiten, 69 Bilder, 10 Tab. 2007.
ISBN 978-3-87525-251-4.

Band 180: Yong Zhuo
Entwurf eines rechnergestützten integrierten Systems für Konstruktion und Fertigungsplanung räumlicher spritzgegossener Schaltungsträger (3D-MID)
FAPS, 181 Seiten, 95 Bilder, 5 Tab. 2007.
ISBN 978-3-87525-253-8.

Band 181: Stefan Lang
Durchgängige Mitarbeiterinformation zur Steigerung von Effizienz und Prozesssicherheit in der Produktion
FAPS, 172 Seiten, 93 Bilder. 2007.
ISBN 978-3-87525-257-6.

Band 182: Hans-Joachim Krauß
Laserstrahlinduzierte Pyrolyse präkeramischer Polymere
LFT, 171 Seiten, 100 Bilder. 2007.
ISBN 978-3-87525-258-3.

Band 183: Stefan Junker
Technologien und Systemlösungen für die flexibel automatisierte Bestückung permanent erregter Läufer mit oberflächenmontierten Dauermagneten
FAPS, 173 Seiten, 75 Bilder. 2007.
ISBN 978-3-87525-259-0.

Band 184: Rainer Kohlbauer
Wissensbasierte Methoden für die simulationsgestützte Auslegung wirkmedienbasierter Blechumformprozesse
LFT, 135 Seiten, 50 Bilder. 2007.
ISBN 978-3-87525-260-6.

Band 185: Klaus Lamprecht
Wirkmedienbasierte Umformung tiefgezogener Vorformen unter besonderer Berücksichtigung maßgeschneiderter Halbzeuge
LFT, 137 Seiten, 81 Bilder. 2007.
ISBN 978-3-87525-265-1.

Band 186: Bernd Zolleiß
Optimierte Prozesse und Systeme für die Bestückung mechatronischer Baugruppen
FAPS, 180 Seiten, 117 Bilder. 2007.
ISBN 978-3-87525-266-8.

Band 187: Michael Kerausch
Simulationsgestützte Prozessauslegung für das Umformen lokal wärmebehandelter Aluminiumplatinen
LFT, 146 Seiten, 76 Bilder, 7 Tab. 2007.
ISBN 978-3-87525-267-5.

Band 188: Matthias Weber
Unterstützung der Wandlungsfähigkeit von Produktionsanlagen durch innovative Softwaresysteme
FAPS, 183 Seiten, 122 Bilder, 3 Tab. 2007.
ISBN 978-3-87525-269-9.

Band 189: Thomas Frick
Untersuchung der prozessbestimmenden Strahl-Stoff-Wechselwirkungen beim Laserstrahlschweißen von Kunststoffen
LFT, 104 Seiten, 62 Bilder, 8 Tab. 2007.
ISBN 978-3-87525-268-2.

Band 190: Joachim Hecht
Werkstoffcharakterisierung und Prozessauslegung für die wirkmedienbasierte Doppelblech-Umformung von Magnesiumlegierungen
LFT, 107 Seiten, 91 Bilder, 2 Tab. 2007.
ISBN 978-3-87525-270-5.

Band 191: Ralf Völkl
Stochastische Simulation zur Werkzeuglebensdaueroptimierung und Präzisionsfertigung in der Kaltmassivumformung
LFT, 178 Seiten, 75 Bilder, 12 Tab. 2008.
ISBN 978-3-87525-272-9.

Band 192: Massimo Tolazzi
Innenhochdruck-Umformen verstärkter Blech-Rahmenstrukturen
LFT, 164 Seiten, 85 Bilder, 7 Tab. 2008.
ISBN 978-3-87525-273-6.

Band 193: Cornelia Hoff
Untersuchung der Prozesseinflussgrößen beim Presshärten des höchstfesten Vergütungsstahls 22MnB5
LFT, 133 Seiten, 92 Bilder, 5 Tab. 2008.
ISBN 978-3-87525-275-0.

Band 194: Christian Alvarez
Simulationsgestützte Methoden zur effizienten Gestaltung von Lötprozessen in der Elektronikproduktion
FAPS, 149 Seiten, 86 Bilder, 8 Tab. 2008.
ISBN 978-3-87525-277-4.

Band 195: Andreas Kunze
Automatisierte Montage von makromechatronischen Modulen zur flexiblen Integration in hybride Pkw-Bordnetzsysteme
FAPS, 160 Seiten, 90 Bilder, 14 Tab. 2008.
ISBN 978-3-87525-278-1.

Band 196: Wolfgang Hußnätter
Grundlegende Untersuchungen zur experimentellen Ermittlung und zur Modellierung von Fließortkurven bei erhöhten Temperaturen
LFT, 152 Seiten, 73 Bilder, 21 Tab. 2008.
ISBN 978-3-87525-279-8.

Band 197: Thomas Bigl
Entwicklung, angepasste Herstellungsverfahren und erweiterte Qualitätssicherung von einsatzgerechten elektronischen Baugruppen
FAPS, 175 Seiten, 107 Bilder, 14 Tab. 2008.
ISBN 978-3-87525-280-4.

Band 198: Stephan Roth
Grundlegende Untersuchungen zum Excimerlaserstrahl-Abtragen unter Flüssigkeitsfilmen
LFT, 113 Seiten, 47 Bilder, 14 Tab. 2008.
ISBN 978-3-87525-281-1.

Band 199: Artur Giera
Prozesstechnische Untersuchungen zum Rührreibschweißen metallischer Werkstoffe
LFT, 179 Seiten, 104 Bilder, 36 Tab. 2008.
ISBN 978-3-87525-282-8.

Band 200: Jürgen Lechler
Beschreibung und Modellierung des Werkstoffverhaltens von presshärtbaren Bor-Manganstählen
LFT, 154 Seiten, 75 Bilder, 12 Tab. 2009.
ISBN 978-3-87525-286-6.

Band 201: Andreas Blankl
Untersuchungen zur Erhöhung der Prozessrobustheit bei der Innenhochdruck-Umformung von flächigen Halbzeugen mit vor- bzw. nachgeschalteten Laserstrahlfügeoperationen
LFT, 120 Seiten, 68 Bilder, 9 Tab. 2009.
ISBN 978-3-87525-287-3.

Band 202: Andreas Schaller
Modellierung eines nachfrageorientierten Produktionskonzeptes für mobile Telekommunikationsgeräte
FAPS, 120 Seiten, 79 Bilder, 0 Tab. 2009.
ISBN 978-3-87525-289-7.

Band 203: Claudius Schimpf
Optimierung von Zuverlässigkeitsuntersuchungen, Prüfabläufen und Nacharbeitsprozessen in der Elektronikproduktion
FAPS, 162 Seiten, 90 Bilder, 14 Tab. 2009.
ISBN 978-3-87525-290-3.

Band 204: Simon Dietrich
Sensoriken zur Schwerpunktslagebestimmung der optischen Prozessemissionen beim Laserstrahltiefschweißen
LFT, 138 Seiten, 70 Bilder, 5 Tab. 2009.
ISBN 978-3-87525-292-7.

Band 205: Wolfgang Wolf
Entwicklung eines agentenbasierten Steuerungssystems zur Materialflussorganisation im wandelbaren Produktionsumfeld
FAPS, 167 Seiten, 98 Bilder. 2009.
ISBN 978-3-87525-293-4.

Band 206: Steffen Polster
Laserdurchstrahlschweißen transparenter Polymerbauteile
LFT, 160 Seiten, 92 Bilder, 13 Tab. 2009.
ISBN 978-3-87525-294-1.

Band 207: Stephan Manuel Dörfler
Rührreibschweißen von walzplattiertem Halbzeug und Aluminiumblech zur Herstellung flächiger Aluminiumschaum-Sandwich-Verbundstrukturen
LFT, 190 Seiten, 98 Bilder, 5 Tab. 2009.
ISBN 978-3-87525-295-8.

Band 208: Uwe Vogt
Seriennahe Auslegung von Aluminium Tailored Heat Treated Blanks
LFT, 151 Seiten, 68 Bilder, 26 Tab. 2009.
ISBN 978-3-87525-296-5.

Band 209: Till Laumann
Qualitative und quantitative Bewertung der Crashtauglichkeit von höchstfesten Stählen
LFT, 117 Seiten, 69 Bilder, 7 Tab. 2009.
ISBN 978-3-87525-299-6.

Band 210: Alexander Diehl
Größeneffekte bei Biegeprozessen-Entwicklung einer Methodik zur Identifikation und Quantifizierung
LFT, 180 Seiten, 92 Bilder, 12 Tab. 2010.
ISBN 978-3-87525-302-3.

Band 211: Detlev Staud
Effiziente Prozesskettenauslegung für das Umformen lokal wärmebehandelter und geschweißter Aluminiumbleche
LFT, 164 Seiten, 72 Bilder, 12 Tab. 2010.
ISBN 978-3-87525-303-0.

Band 212: Jens Ackermann
Prozesssicherung beim Laserdurchstrahlschweißen thermoplastischer Kunststoffe
LPT, 129 Seiten, 74 Bilder, 13 Tab. 2010.
ISBN 978-3-87525-305-4.

Band 213: Stephan Weidel
Grundlegende Untersuchungen zum Kontaktzustand zwischen Werkstück und Werkzeug bei umformtechnischen Prozessen unter tribologischen Gesichtspunkten
LFT, 144 Seiten, 67 Bilder, 11 Tab. 2010.
ISBN 978-3-87525-307-8.

Band 214: Stefan Geißdörfer
Entwicklung eines mesoskopischen Modells zur Abbildung von Größeneffekten in der Kaltmassivumformung mit Methoden der FE-Simulation
LFT, 133 Seiten, 83 Bilder, 11 Tab. 2010.
ISBN 978-3-87525-308-5.

Band 215: Christian Matzner
Konzeption produktspezifischer Lösungen zur Robustheitssteigerung elektronischer Systeme gegen die Einwirkung von Betauung im Automobil
FAPS, 165 Seiten, 93 Bilder, 14 Tab. 2010.
ISBN 978-3-87525-309-2.

Band 216: Florian Schüßler
Verbindungs- und Systemtechnik für thermisch hochbeanspruchte und miniaturisierte elektronische Baugruppen
FAPS, 184 Seiten, 93 Bilder, 18 Tab. 2010.
ISBN 978-3-87525-310-8.

Band 217: Massimo Cojutti
Strategien zur Erweiterung der Prozessgrenzen bei der Innhochdruck-Umformung von Rohren und Blechpaaren
LFT, 125 Seiten, 56 Bilder, 9 Tab. 2010.
ISBN 978-3-87525-312-2.

Band 218: Raoul Plettke
Mehrkriterielle Optimierung komplexer Aktorsysteme für das Laserstrahljustieren
LFT, 152 Seiten, 25 Bilder, 3 Tab. 2010.
ISBN 978-3-87525-315-3.

Band 219: Andreas Dobroschke
Flexible Automatisierungslösungen für die Fertigung wickeltechnischer Produkte
FAPS, 184 Seiten, 109 Bilder, 18 Tab. 2011.
ISBN 978-3-87525-317-7.

Band 220: Azhar Zam
Optical Tissue Differentiation for Sensor-Controlled Tissue-Specific Laser Surgery
LPT, 99 Seiten, 45 Bilder, 8 Tab. 2011.
ISBN 978-3-87525-318-4.

Band 221: Michael Rösch
Potenziale und Strategien zur Optimierung des Schablonendruckprozesses in der Elektronikproduktion
FAPS, 192 Seiten, 127 Bilder, 19 Tab. 2011.
ISBN 978-3-87525-319-1.

Band 222: Thomas Rechtenwald
Quasi-isothermes Laserstrahlsintern von Hochtemperatur-Thermoplasten - Eine Betrachtung werkstoff-prozessspezifischer Aspekte am Beispiel PEEK
LPT, 150 Seiten, 62 Bilder, 8 Tab. 2011.
ISBN 978-3-87525-320-7.

Band 223: Daniel Craiovan
Prozesse und Systemlösungen für die SMT-Montage optischer Bauelemente auf Substrate mit integrierten Lichtwellenleitern
FAPS, 165 Seiten, 85 Bilder, 8 Tab. 2011.
ISBN 978-3-87525-324-5.

Band 224: Kay Wagner
Beanspruchungsangepasste Kaltmassivumformwerkzeuge durch lokal optimierte Werkzeugoberflächen
LFT, 147 Seiten, 103 Bilder, 17 Tab. 2011.
ISBN 978-3-87525-325-2.

Band 225: Martin Brandhuber
Verbesserung der Prognosegüte des Versagens von Punktschweißverbindungen bei höchstfesten Stahlgüten
LFT, 155 Seiten, 91 Bilder, 19 Tab. 2011.
ISBN 978-3-87525-327-6.

Band 226: Peter Sebastian Feuser
Ein Ansatz zur Herstellung von pressgehärteten Karosseriekomponenten mit maßgeschneiderten mechanischen Eigenschaften: Temperierte Umformwerkzeuge. Prozessfenster, Prozesssimuation und funktionale Untersuchung
LFT, 195 Seiten, 97 Bilder, 60 Tab. 2012.
ISBN 978-3-87525-328-3.

Band 227: Murat Arbak
Material Adapted Design of Cold Forging Tools Exemplified by Powder Metallurgical Tool Steels and Ceramics
LFT, 109 Seiten, 56 Bilder, 8 Tab. 2012.
ISBN 978-3-87525-330-6.

Band 228: Indra Pitz
Beschleunigte Simulation des Laserstrahlumformens von Aluminiumblechen
LPT, 137 Seiten, 45 Bilder, 27 Tab. 2012.
ISBN 978-3-87525-333-7.

Band 229: Alexander Grimm
Prozessanalyse und -überwachung des Laserstrahlhartlötens mittels optischer Sensorik
LPT, 125 Seiten, 61 Bilder, 5 Tab. 2012.
ISBN 978-3-87525-334-4.

Band 230: Markus Kaupper
Biegen von höhenfesten Stahlblechwerkstoffen - Umformverhalten und Grenzen der Biegbarkeit
LFT, 160 Seiten, 57 Bilder, 10 Tab. 2012.
ISBN 978-3-87525-339-9.

Band 231: Thomas Kroiß
Modellbasierte Prozessauslegung für die Kaltmassivumformung unter Brücksichtigung der Werkzeug- und Pressenauffederung
LFT, 169 Seiten, 50 Bilder, 19 Tab. 2012.
ISBN 978-3-87525-341-2.

Band 232: Christian Goth
Analyse und Optimierung der Entwicklung und Zuverlässigkeit räumlicher Schaltungsträger (3D-MID)
FAPS, 176 Seiten, 102 Bilder, 22 Tab. 2012.
ISBN 978-3-87525-340-5.

Band 233: Christian Ziegler
Ganzheitliche Automatisierung mechatronischer Systeme in der Medizin am Beispiel Strahlentherapie
FAPS, 170 Seiten, 71 Bilder, 19 Tab. 2012.
ISBN 978-3-87525-342-9.

Band 234: Florian Albert
Automatisiertes Laserstrahllöten und -reparaturlöten elektronischer Baugruppen
LPT, 127 Seiten, 78 Bilder, 11 Tab. 2012.
ISBN 978-3-87525-344-3.

Band 235: Thomas Stöhr
Analyse und Beschreibung des mechanischen Werkstoffverhaltens von presshärtbaren Bor-Manganstählen
LFT, 118 Seiten, 74 Bilder, 18 Tab. 2013.
ISBN 978-3-87525-346-7.

Band 236: Christian Kägeler
Prozessdynamik beim Laserstrahlschweißen verzinkter Stahlbleche im Überlappstoß
LPT, 145 Seiten, 80 Bilder, 3 Tab. 2013.
ISBN 978-3-87525-347-4.

Band 237: Andreas Sulzberger
Seriennahe Auslegung der Prozesskette zur wärmeunterstützten Umformung von Aluminiumblechwerkstoffen
LFT, 153 Seiten, 87 Bilder, 17 Tab. 2013.
ISBN 978-3-87525-349-8.

Band 238: Simon Opel
Herstellung prozessangepasster Halbzeuge mit variabler Blechdicke durch die Anwendung von Verfahren der Blechmassivumformung
LFT, 165 Seiten, 108 Bilder, 27 Tab. 2013.
ISBN 978-3-87525-350-4.

Band 239: Rajesh Kanawade
In-vivo Monitoring of Epithelium Vessel and Capillary Density for the Application of Detection of Clinical Shock and Early Signs of Cancer Development
LPT, 124 Seiten, 58 Bilder, 15 Tab. 2013.
ISBN 978-3-87525-351-1.

Band 240: Stephan Busse
Entwicklung und Qualifizierung eines Schneidclinchverfahrens
LFT, 119 Seiten, 86 Bilder, 20 Tab. 2013.
ISBN 978-3-87525-352-8.

Band 241: Karl-Heinz Leitz
Mikro- und Nanostrukturierung mit kurz und ultrakurz gepulster Laserstrahlung
LPT, 154 Seiten, 71 Bilder, 9 Tab. 2013.
ISBN 978-3-87525-355-9.

Band 242: Markus Michl
Webbasierte Ansätze zur ganzheitlichen technischen Diagnose
FAPS, 182 Seiten, 62 Bilder, 20 Tab. 2013.
ISBN 978-3-87525-356-6.

Band 243: Vera Sturm
Einfluss von Chargenschwankungen auf die Verarbeitungsgrenzen von Stahlwerkstoffen
LFT, 113 Seiten, 58 Bilder, 9 Tab. 2013.
ISBN 978-3-87525-357-3.

Band 244: Christian Neudel
Mikrostrukturelle und mechanisch-technologische Eigenschaften widerstandspunktgeschweißter Aluminium-Stahl-Verbindungen für den Fahrzeugbau
LFT, 178 Seiten, 171 Bilder, 31 Tab. 2014.
ISBN 978-3-87525-358-0.

Band 245: Anja Neumann
Konzept zur Beherrschung der Prozessschwankungen im Presswerk
LFT, 162 Seiten, 68 Bilder, 15 Tab. 2014.
ISBN 978-3-87525-360-3.

Band 246: Ulf-Hermann Quentin
Laserbasierte Nanostrukturierung mit optisch positionierten Mikrolinsen
LPT, 137 Seiten, 89 Bilder, 6 Tab. 2014.
ISBN 978-3-87525-361-0.

Band 247: Erik Lamprecht
Der Einfluss der Fertigungsverfahren auf die Wirbelstromverluste von Stator-Einzelzahnblechpaketen für den Einsatz in Hybrid- und Elektrofahrzeugen
FAPS, 148 Seiten, 138 Bilder, 4 Tab. 2014.
ISBN 978-3-87525-362-7.

Band 248: Sebastian Rösel
Wirkmedienbasierte Umformung von Blechhalbzeugen unter Anwendung magnetorheologischer Flüssigkeiten als kombiniertes Wirk- und Dichtmedium
LFT, 148 Seiten, 61 Bilder, 12 Tab. 2014.
ISBN 978-3-87525-363-4.

Band 249: Paul Hippchen
Simulative Prognose der Geometrie indirekt pressgehärteter Karosseriebauteile für die industrielle Anwendung
LFT, 163 Seiten, 89 Bilder, 12 Tab. 2014.
ISBN 978-3-87525-364-1.

Band 250: Martin Zubeil
Versagensprognose bei der Prozess simulation von Biegeumform- und Falzverfahren
LFT, 171 Seiten, 90 Bilder, 5 Tab. 2014.
ISBN 978-3-87525-365-8.

Band 251: Alexander Kühl
Flexible Automatisierung der Statorenmontage mit Hilfe einer universellen ambidexteren Kinematik
FAPS, 142 Seiten, 60 Bilder, 26 Tab. 2014.
ISBN 978-3-87525-367-2.

Band 252: Thomas Albrecht
Optimierte Fertigungstechnologien für Rotoren getriebeintegrierter PM-Synchronmotoren von Hybridfahrzeugen
FAPS, 198 Seiten, 130 Bilder, 38 Tab. 2014.
ISBN 978-3-87525-368-9.

Band 253: Florian Risch
Planning and Production Concepts for Contactless Power Transfer Systems for Electric Vehicles
FAPS, 185 Seiten, 125 Bilder, 13 Tab. 2014.
ISBN 978-3-87525-369-6.

Band 254: Markus Weigl
Laserstrahlschweißen von Mischverbindungen aus austenitischen und ferritischen korrosionsbeständigen Stahlwerkstoffen
LPT, 184 Seiten, 110 Bilder, 6 Tab. 2014.
ISBN 978-3-87525-370-2.

Band 255: Johannes Noneder
Beanspruchungserfassung für die Validierung von FE-Modellen zur Auslegung von Massivumformwerkzeugen
LFT, 161 Seiten, 65 Bilder, 14 Tab. 2014.
ISBN 978-3-87525-371-9.

Band 256: Andreas Reinhardt
Ressourceneffiziente Prozess- und Produktionstechnologie für flexible Schaltungsträger
FAPS, 123 Seiten, 69 Bilder, 19 Tab. 2014.
ISBN 978-3-87525-373-3.

Band 257: Tobias Schmuck
Ein Beitrag zur effizienten Gestaltung globaler Produktions- und Logistiknetzwerke mittels Simulation
FAPS, 151 Seiten, 74 Bilder. 2014.
ISBN 978-3-87525-374-0.

Band 258: Bernd Eichenhüller
Untersuchungen der Effekte und Wechselwirkungen charakteristischer Einflussgrößen auf das Umformverhalten bei Mikroumformprozessen
LFT, 127 Seiten, 29 Bilder, 9 Tab. 2014.
ISBN 978-3-87525-375-7.

Band 259: Felix Lütteke
Vielseitiges autonomes Transportsystem basierend auf Weltmodellerstellung mittels Datenfusion von Deckenkameras und Fahrzeugsensoren
FAPS, 152 Seiten, 54 Bilder, 20 Tab. 2014.
ISBN 978-3-87525-376-4.

Band 260: Martin Grüner
Hochdruck-Blechumformung mit formlos festen Stoffen als Wirkmedium
LFT, 144 Seiten, 66 Bilder, 29 Tab. 2014.
ISBN 978-3-87525-379-5.

Band 261: Christian Brock
Analyse und Regelung des Laserstrahltiefschweißprozesses durch Detektion der Metalldampffackelposition
LPT, 126 Seiten, 65 Bilder, 3 Tab. 2015.
ISBN 978-3-87525-380-1.

Band 262: Peter Vatter
Sensitivitätsanalyse des 3-Rollen-Schubbiegens auf Basis der Finite Elemente Methode
LFT, 145 Seiten, 57 Bilder, 26 Tab. 2015.
ISBN 978-3-87525-381-8.

Band 263: Florian Klämpfl
Planung von Laserbestrahlungen durch simulationsbasierte Optimierung
LPT, 169 Seiten, 78 Bilder, 32 Tab. 2015.
ISBN 978-3-87525-384-9.

Band 264: Matthias Domke
Transiente physikalische Mechanismen bei der Laserablation von dünnen Metallschichten
LPT, 133 Seiten, 43 Bilder, 3 Tab. 2015.
ISBN 978-3-87525-385-6.

Band 265: Johannes Götz
Community-basierte Optimierung des Anlagenengineerings
FAPS, 177 Seiten, 80 Bilder, 30 Tab. 2015.
ISBN 978-3-87525-386-3.

Band 266: Hung Nguyen
Qualifizierung des Potentials von Verfestigungseffekten zur Erweiterung des Umformvermögens aushärtbarer Aluminiumlegierungen
LFT, 137 Seiten, 57 Bilder, 16 Tab. 2015.
ISBN 978-3-87525-387-0.

Band 267: Andreas Kuppert
Erweiterung und Verbesserung von Versuchs- und Auswertetechniken für die Bestimmung von Grenzformänderungskurven
LFT, 138 Seiten, 82 Bilder, 2 Tab. 2015.
ISBN 978-3-87525-388-7.

Band 268: Kathleen Klaus
Erstellung eines Werkstofforientierten Fertigungsprozessfensters zur Steigerung des Formgebungsvermögens von Aluminiumlegierungen unter Anwendung einer zwischengeschalteten Wärmebehandlung
LFT, 154 Seiten, 70 Bilder, 8 Tab. 2015.
ISBN 978-3-87525-391-7.

Band 269: Thomas Svec
Untersuchungen zur Herstellung von funktionsoptimierten Bauteilen im partiellen Presshärtprozess mittels lokal unterschiedlich temperierter Werkzeuge
LFT, 166 Seiten, 87 Bilder, 15 Tab. 2015.
ISBN 978-3-87525-392-4.

Band 270: Tobias Schrader
Grundlegende Untersuchungen zur Verschleißcharakterisierung beschichteter Kaltmassivumformwerkzeuge
LFT, 164 Seiten, 55 Bilder, 11 Tab. 2015.
ISBN 978-3-87525-393-1.

Band 271: Matthäus Brela
Untersuchung von Magnetfeld-Messmethoden zur ganzheitlichen Wertschöpfungsoptimierung und Fehlerdetektion an magnetischen Aktoren
FAPS, 170 Seiten, 97 Bilder, 4 Tab. 2015.
ISBN 978-3-87525-394-8.

Band 272: Michael Wieland
Entwicklung einer Methode zur Prognose adhäsiven Verschleißes an Werkzeugen für das direkte Presshärten
LFT, 156 Seiten, 84 Bilder, 9 Tab. 2015.
ISBN 978-3-87525-395-5.

Band 273: René Schramm
Strukturierte additive Metallisierung durch kaltaktives Atmosphärendruckplasma
FAPS, 136 Seiten, 62 Bilder, 15 Tab. 2015.
ISBN 978-3-87525-396-2.

Band 274: Michael Lechner
Herstellung beanspruchungsangepasster Aluminiumblechhalbzeuge durch eine maßgeschneiderte Variation der Abkühlgeschwindigkeit nach Lösungsglühen
LFT, 136 Seiten, 62 Bilder, 15 Tab. 2015.
ISBN 978-3-87525-397-9.

Band 275: Kolja Andreas
Einfluss der Oberflächenbeschaffenheit auf das Werkzeugeinsatzverhalten beim Kaltfließpressen
LFT, 169 Seiten, 76 Bilder, 4 Tab. 2015.
ISBN 978-3-87525-398-6.

Band 276: Marcus Baum
Laser Consolidation of ITO Nanoparticles for the Generation of Thin Conductive Layers on Transparent Substrates
LPT, 158 Seiten, 75 Bilder, 3 Tab. 2015.
ISBN 978-3-87525-399-3.

Band 277: Thomas Schneider
Umformtechnische Herstellung dünnwandiger Funktionsbauteile aus Feinblech durch Verfahren der Blechmassivumformung
LFT, 188 Seiten, 95 Bilder, 7 Tab. 2015.
ISBN 978-3-87525-401-3.

Band 278: Jochen Merhof
Sematische Modellierung automatisierter Produktionssysteme zur Verbesserung der IT-Integration zwischen Anlagen-Engineering und Steuerungsebene
FAPS, 157 Seiten, 88 Bilder, 8 Tab. 2015.
ISBN 978-3-87525-402-0.

Band 279: Fabian Zöller
Erarbeitung von Grundlagen zur Abbildung des tribologischen Systems in der Umformsimulation
LFT, 126 Seiten, 51 Bilder, 3 Tab. 2016.
ISBN 978-3-87525-403-7.

Band 280: Christian Hezler
Einsatz technologischer Versuche zur Erweiterung der Versagensvorhersage bei Karosseriebauteilen aus höchstfesten Stählen
LFT, 147 Seiten, 63 Bilder, 44 Tab. 2016.
ISBN 978-3-87525-404-4.

Band 281: Jochen Bönig
Integration des Systemverhaltens von Automobil-Hochvoltleitungen in die virtuelle Absicherung durch strukturmechanische Simulation
FAPS, 177 Seiten, 107 Bilder, 17 Tab. 2016.
ISBN 978-3-87525-405-1.

Band 282: Johannes Kohl
Automatisierte Datenerfassung für diskret ereignisorientierte Simulationen in der energieflexibelen Fabrik
FAPS, 160 Seiten, 80 Bilder, 27 Tab. 2016.
ISBN 978-3-87525-406-8.

Band 283: Peter Bechtold
Mikroschockwellenumformung mittels ultrakurzer Laserpulse
LPT, 155 Seiten, 59 Bilder, 10 Tab. 2016.
ISBN 978-3-87525-407-5.

Band 284: Stefan Berger
Laserstrahlschweißen thermoplastischer Kohlenstofffaserverbundwerkstoffe mit spezifischem Zusatzdraht
LPT, 118 Seiten, 68 Bilder, 9 Tab. 2016.
ISBN 978-3-87525-408-2.

Band 285: Martin Bornschlegl
Methods-Energy Measurement - Eine Methode zur Energieplanung für Fügeverfahren im Karosseriebau
FAPS, 136 Seiten, 72 Bilder, 46 Tab. 2016.
ISBN 978-3-87525-409-9.

Band 286: Tobias Rackow
Erweiterung des Unternehmenscontrollings um die Dimension Energie
FAPS, 164 Seiten, 82 Bilder, 29 Tab. 2016.
ISBN 978-3-87525-410-5.

Band 287: Johannes Koch
Grundlegende Untersuchungen zur Herstellung zyklisch-symmetrischer Bauteile mit Nebenformelementen durch Blechmassivumformung
LFT, 125 Seiten, 49 Bilder, 17 Tab. 2016.
ISBN 978-3-87525-411-2.

Band 288: Hans Ulrich Vierzigmann
Beitrag zur Untersuchung der tribologischen Bedingungen in der Blechmassivumformung - Bereitstellung von tribologischen Modellversuchen und Realisierung von Tailored Surfaces
LFT, 174 Seiten, 102 Bilder, 34 Tab. 2016.
ISBN 978-3-87525-412-9.

Band 289: Thomas Senner
Methodik zur virtuellen Absicherung der formgebenden Operation des Nasspressprozesses von Gelege-Mehrschichtverbunden
LFT, 156 Seiten, 96 Bilder, 21 Tab. 2016.
ISBN 978-3-87525-414-3.

Band 290: Sven Kreitlein
Der grundoperationsspezifische Mindestenergiebedarf als Referenzwert zur Bewertung der Energieeffizienz in der Produktion
FAPS, 185 Seiten, 64 Bilder, 30 Tab. 2016.
ISBN 978-3-87525-415-0.

Band 291: Christian Roos
Remote-Laserstrahlschweißen verzinkter Stahlbleche in Kehlnahtgeometrie
LPT, 123 Seiten, 52 Bilder, 0 Tab. 2016.
ISBN 978-3-87525-416-7.

Band 292: Alexander Kahrimanidis
Thermisch unterstützte Umformung von Aluminiumblechen
LFT, 165 Seiten, 103 Bilder, 18 Tab. 2016.
ISBN 978-3-87525-417-4.

Band 293: Jan Tremel
Flexible Systems for Permanent Magnet Assembly and Magnetic Rotor Measurement / Flexible Systeme zur Montage von Permanentmagneten und zur Messung magnetischer Rotoren
FAPS, 152 Seiten, 91 Bilder, 12 Tab. 2016.
ISBN 978-3-87525-419-8.

Band 294: Ioannis Tsoupis
Schädigungs- und Versagensverhalten hochfester Leichtbauwerkstoffe unter Biegebeanspruchung
LFT, 176 Seiten, 51 Bilder, 6 Tab. 2017.
ISBN 978-3-87525-420-4.

Band 295: Sven Hildering
Grundlegende Untersuchungen zum Prozessverhalten von Silizium als Werkzeugwerkstoff für das Mikroscherschneiden metallischer Folien
LFT, 177 Seiten, 74 Bilder, 17 Tab. 2017.
ISBN 978-3-87525-422-8.

Band 296: Sasia Mareike Hertweck
Zeitliche Pulsformung in der Lasermikromaterialbearbeitung – Grundlegende Untersuchungen und Anwendungen
LPT, 146 Seiten, 67 Bilder, 5 Tab. 2017.
ISBN 978-3-87525-423-5.

Band 297: Paryanto
Mechatronic Simulation Approach for the Process Planning of Energy-Efficient Handling Systems
FAPS, 162 Seiten, 86 Bilder, 13 Tab. 2017.
ISBN 978-3-87525-424-2.

Band 298: Peer Stenzel
Großserientaugliche Nadelwickeltechnik für verteilte Wicklungen im Anwendungsfall der E-Traktionsantriebe
FAPS, 239 Seiten, 147 Bilder, 20 Tab. 2017.
ISBN 978-3-87525-425-9.

Band 299: Mario Lušić
Ein Vorgehensmodell zur Erstellung montageführender Werkerinformationssysteme simultan zum Produktentstehungsprozess
FAPS, 174 Seiten, 79 Bilder, 22 Tab. 2017.
ISBN 978-3-87525-426-6.

Band 300: Arnd Buschhaus
Hochpräzise adaptive Steuerung und Regelung robotergeführter Prozesse
FAPS, 202 Seiten, 96 Bilder, 4 Tab. 2017.
ISBN 978-3-87525-427-3.

Band 301: Tobias Laumer
Erzeugung von thermoplastischen Werkstoffverbunden mittels simultanem, intensitätsselektivem Laserstrahlschmelzen
LPT, 140 Seiten, 82 Bilder, 0 Tab. 2017.
ISBN 978-3-87525-428-0.

Band 302: Nora Unger
Untersuchung einer thermisch unterstützten Fertigungskette zur Herstellung umgeformter Bauteile aus der höherfesten Aluminiumlegierung EN AW-7020
LFT, 142 Seiten, 53 Bilder, 8 Tab. 2017.
ISBN 978-3-87525-429-7.

Band 303: Tommaso Stellin
Design of Manufacturing Processes for the Cold Bulk Forming of Small Metal Components from Metal Strip
LFT, 146 Seiten, 67 Bilder, 7 Tab. 2017.
ISBN 978-3-87525-430-3.

Band 304: Bassim Bachy
Experimental Investigation, Modeling, Simulation and Optimization of Molded Interconnect Devices (MID) Based on Laser Direct Structuring (LDS) / Experimentelle Untersuchung, Modellierung, Simulation und Optimierung von Molded Interconnect Devices (MID) basierend auf Laser Direktstrukturierung (LDS)
FAPS, 168 Seiten, 120 Bilder, 26 Tab. 2017.
ISBN 978-3-87525-431-0.

Band 305: Michael Spahr
Automatisierte Kontaktierungsverfahren für flachleiterbasierte Pkw-Bordnetzsysteme
FAPS, 197 Seiten, 98 Bilder, 17 Tab. 2017.
ISBN 978-3-87525-432-7.

Band 306: Sebastian Suttner
Charakterisierung und Modellierung des spannungszustandsabhängigen Werkstoffverhaltens der Magnesiumlegierung AZ31B für die numerische Prozessauslegung
LFT, 150 Seiten, 84 Bilder, 19 Tab. 2017.
ISBN 978-3-87525-433-4.

Band 307: Bhargav Potdar
A reliable methodology to deduce thermo-mechanical flow behaviour of hot stamping steels
LFT, 203 Seiten, 98 Bilder, 27 Tab. 2017.
ISBN 978-3-87525-436-5.

Band 308: Maria Löffler
Steuerung von Blechmassivumformprozessen durch maßgeschneiderte tribologische Systeme
LFT, viii u. 166 Seiten, 90 Bilder, 5 Tab. 2018. ISBN 978-3-96147-133-1.

Band 309: Martin Müller
Untersuchung des kombinierten Trenn- und Umformprozesses beim Fügen artungleicher Werkstoffe mittels Schneidclinchverfahren
LFT, xi u. 149 Seiten, 89 Bilder, 6 Tab. 2018. ISBN: 978-3-96147-135-5.

Band 310: Christopher Kästle
Qualifizierung der Kupfer-Drahtbondtechnologie für integrierte Leistungsmodule in harschen Umgebungsbedingungen
FAPS, xii u. 167 Seiten, 70 Bilder, 18 Tab. 2018. ISBN 978-3-96147-145-4.

Band 311: Daniel Vipavc
Eine Simulationsmethode für das 3-Rollen-Schubbiegen
LFT, xiii u. 121 Seiten, 56 Bilder, 17 Tab. 2018. ISBN 978-3-96147-147-8.

Band 312: Christina Ramer
Arbeitsraumüberwachung und autonome Bahnplanung für ein sicheres und flexibles Roboter-Assistenzsystem in der Fertigung
FAPS, xiv u. 188 Seiten, 57 Bilder, 9 Tab. 2018. ISBN 978-3-96147-153-9.

Band 313: Miriam Rauer
Der Einfluss von Poren auf die Zuverlässigkeit der Lötverbindungen von Hochleistungs-Leuchtdioden
FAPS, xii u. 209 Seiten, 108 Bilder, 21 Tab. 2018. ISBN 978-3-96147-157-7.

Band 314: Felix Tenner
Kamerabasierte Untersuchungen der Schmelze und Gasströmungen beim Laserstrahlschweißen verzinkter Stahlbleche
LPT, xxiii u. 184 Seiten, 94 Bilder, 7 Tab. 2018. ISBN 978-3-96147-160-7.

Band 315: Aarief Syed-Khaja
Diffusion Soldering for High-temperature Packaging of Power Electronics
FAPS, x u. 202 Seiten, 144 Bilder, 32 Tab. 2018. ISBN 978-3-87525-162-1.

Band 316: Adam Schaub
Grundlagenwissenschaftliche Untersuchung der kombinierten Prozesskette aus Umformen und Additive Fertigung
LFT, xi u. 192 Seiten, 72 Bilder, 27 Tab. 2019. ISBN 978-3-96147-166-9.

Band 317: Daniel Gröbel
Herstellung von Nebenformelementen unterschiedlicher Geometrie an Blechen mittels Fließpressverfahren der Blechmassivumformung
LFT, x u. 165 Seiten, 96 Bilder, 13 Tab. 2019. ISBN 978-3-96147-168-3.

Band 318: Philipp Hildenbrand
Entwicklung einer Methodik zur Herstellung von Tailored Blanks mit definierten Halbzeugeigenschaften durch einen Taumelprozess
LFT, ix u. 153 Seiten, 77 Bilder, 4 Tab. 2019. ISBN 978-3-96147-174-4.

Band 319: Tobias Konrad
Simulative Auslegung der Spann- und Fixierkonzepte im Karosserierohbau: Bewertung der Baugruppenmaßhaltigkeit unter Berücksichtigung schwankender Einflussgrößen
LFT, x u. 203 Seiten, 134 Bilder, 32 Tab. 2019. ISBN 978-3-96147-176-8.

Band 320: David Meinel
Architektur applikationsspezifischer Multi-Physics-Simulationskonfiguratoren am Beispiel modularer Triebzüge
FAPS, xii u. 166 Seiten, 82 Bilder, 25 Tab. 2019. ISBN 978-3-96147-184-3.

Band 321: Andrea Zimmermann
Grundlegende Untersuchungen zum Einfluss fertigungsbedingter Eigenschaften auf die Ermüdungsfestigkeit kaltmassivumgeformter Bauteile
LFT, ix u. 160 Seiten, 66 Bilder, 5 Tab. 2019. ISBN 978-3-96147-190-4.

Band 322: Christoph Amann
Simulative Prognose der Geometrie nassgepresster Karosseriebauteile aus Gelege-Mehrschichtverbunden
LFT, xvi u. 169 Seiten, 80 Bilder, 13 Tab. 2019. ISBN 978-3-96147-194-2.

Band 323: Jennifer Tenner
Realisierung schmierstofffreier Tiefziehprozesse durch maßgeschneiderte Werkzeugoberflächen
LFT, x u. 187 Seiten, 68 Bilder, 13 Tab. 2019. ISBN 978-3-96147-196-6.

Band 324: Susan Zöller
Mapping Individual Subjective Values to Product Design
KTmfk, xi u. 223 Seiten, 81 Bilder, 25 Tab. 2019. ISBN 978-3-96147-202-4.

Band 325: Stefan Lutz
Erarbeitung einer Methodik zur semiempirischen Ermittlung der Umwandlungskinetik durchhärtender Wälzlagerstähle für die Wärmebehandlungssimulation
LFT, xiv u. 189 Seiten, 75 Bilder, 32 Tab. 2019. ISBN 978-3-96147-209-3.

Band 326: Tobias Gnibl
Modellbasierte Prozesskettenabbildung rührreibgeschweißter Aluminiumhalbzeuge zur umformtechnischen Herstellung höchstfester Leichtbau-strukturteile
LFT, xii u. 167 Seiten, 68 Bilder, 17 Tab. 2019. ISBN 978-3-96147-217-8.

Band 327: Johannes Bürner
Technisch-wirtschaftliche Optionen zur Lastflexibilisierung durch intelligente elektrische Wärmespeicher
FAPS, xiv u. 233 Seiten, 89 Bilder, 27 Tab. 2019. ISBN 978-3-96147-219-2.

Band 328: Wolfgang Böhm
Verbesserung des Umformverhaltens von mehrlagigen Aluminiumblechwerkstoffen mit ultrafeinkörnigem Gefüge
LFT, ix u. 160 Seiten, 88 Bilder, 14 Tab. 2019. ISBN 978-3-96147-227-7.

Band 329: Stefan Landkammer
Grundsatzuntersuchungen, mathematische Modellierung und Ableitung einer Auslegungsmethodik für Gelenkantriebe nach dem Spinnenbeinprinzip
LFT, xii u. 200 Seiten, 83 Bilder, 13 Tab. 2019. ISBN 978-3-96147-229-1.

Band 330: Stephan Rapp
Pump-Probe-Ellipsometrie zur Messung transienter optischer Materialeigen-schaften bei der Ultrakurzpuls-Lasermaterialbearbeitung
LPT, xi u. 143 Seiten, 49 Bilder, 2 Tab. 2019. ISBN 978-3-96147-235-2.

Band 331: Michael Scholz
Intralogistics Execution System mit integrierten autonomen, servicebasierten Transportentitäten
FAPS, xi u. 195 Seiten, 55 Bilder, 11 Tab. 2019. ISBN 978-3-96147-237-6.

Band 332: Eva Bogner
Strategien der Produktindividualisierung in der produzierenden Industrie im Kontext der Digitalisierung
FAPS, ix u. 201 Seiten, 55 Bilder, 28 Tab. 2019. ISBN 978-3-96147-246-8.

Band 333: Daniel Benjamin Krüger
Ein Ansatz zur CAD-integrierten muskuloskelettalen Analyse der Mensch-Maschine-Interaktion
KTmfk, x u. 217 Seiten, 102 Bilder, 7 Tab. 2019. ISBN 978-3-96147-250-5.

Band 334: Thomas Kuhn
Qualität und Zuverlässigkeit laserdirekt-strukturierter mechatronisch integrierter Baugruppen (LDS-MID)
FAPS, ix u. 152 Seiten, 69 Bilder, 12 Tab.
2019. ISBN: 978-3-96147-252-9.

Band 335: Hans Fleischmann
Modellbasierte Zustands- und Prozess-überwachung auf Basis sozio-cyber-physischer Systeme
FAPS, xi u. 214 Seiten, 111 Bilder, 18 Tab.
2019. ISBN: 978-3-96147-256-7.

Band 336: Markus Michalski
Grundlegende Untersuchungen zum Prozess- und Werkstoffverhalten bei schwingungsüberlagerter Umformung
LFT, xii u. 197 Seiten, 93 Bilder, 11 Tab.
2019. ISBN: 978-3-96147-270-3.

Band 337: Markus Brandmeier
Ganzheitliches ontologiebasiertes Wissensmanagement im Umfeld der industriellen Produktion
FAPS, xi u. 255 Seiten, 77 Bilder, 33 Tab.
2020. ISBN: 978-3-96147-275-8.

Band 338: Stephan Purr
Datenerfassung für die Anwendung lernender Algorithmen bei der Herstellung von Blechformteilen
LFT, ix u. 165 Seiten, 48 Bilder, 4 Tab.
2020. ISBN: 978-3-96147-281-9.

Band 339: Christoph Kiener
Kaltfließpressen von gerad- und schrägverzahnten Zahnrädern
LFT, viii u. 151 Seiten, 81 Bilder, 3 Tab.
2020. ISBN 978-3-96147-287-1.

Band 340: Simon Spreng
Numerische, analytische und empirische Modellierung des Heißcrimpprozesses
FAPS, xix u. 204 Seiten, 91 Bilder, 27 Tab.
2020. ISBN 978-3-96147-293-2.

Band 341: Patrik Schwingenschlögl
Erarbeitung eines Prozessverständnisses zur Verbesserung der tribologischen Bedingungen beim Presshärten
LFT, x u. 177 Seiten, 81 Bilder, 8 Tab.
2020. ISBN 978-3-96147-297-0.

Band 342: Emanuela Affronti
Evaluation of failure behaviour of sheet metals
LFT, ix u. 136 Seiten, 57 Bilder, 20 Tab.
2020. ISBN 978-3-96147-303-8.

Band 343: Julia Degner
Grundlegende Untersuchungen zur Herstellung hochfester Aluminiumblech-bauteile in einem kombinierten Umform- und Abschreckprozess
LFT, x u. 172 Seiten, 61 Bilder, 9 Tab.
2020. ISBN 978-3-96147-307-6.

Band 344: Maximilian Wagner
Automatische Bahnplanung für die Aufteilung von Prozessbewegungen in synchrone Werkstück- und Werkzeugbewegungen mittels Multi-Roboter-Systemen
FAPS, xxi u. 181 Seiten, 111 Bilder, 15 Tab.
2020. ISBN 978-3-96147-309-0.

Band 345: Stefan Härter
Qualifizierung des Montageprozesses hochminiaturisierter elektronischer Bauelemente
FAPS, ix u. 194 Seiten, 97 Bilder, 28 Tab.
2020. ISBN 978-3-96147-314-4.

Band 346: Toni Donhauser
Ressourcenorientierte Auftragsregelung in einer hybriden Produktion mittels betriebsbegleitender Simulation
FAPS, xix u. 242 Seiten, 97 Bilder, 17 Tab. 2020. ISBN 978-3-96147-316-8.

Band 347: Philipp Amend
Laserbasiertes Schmelzkleben von Thermoplasten mit Metallen
LPT, xv u. 154 Seiten, 67 Bilder. 2020. ISBN 978-3-96147-326-7.

Band 348: Matthias Ehlert
Simulationsunterstützte funktionale Grenzlagenabsicherung
KTmfk, xvi u. 300 Seiten, 101 Bilder, 73 Tab. 2020. ISBN 978-3-96147-328-1.

Band 349: Thomas Sander
Ein Beitrag zur Charakterisierung und Auslegung des Verbundes von Kunststoffsubstraten mit harten Dünnschichten
KTmfk, xiv u. 178 Seiten, 88 Bilder, 21 Tab. 2020. ISBN 978-3-96147-330-4.

Band 350: Florian Pilz
Fließpressen von Verzahnungselementen an Blechen
LFT, x u. 170 Seiten, 103Bilder, 4 Tab. 2020. ISBN 978-3-96147-332-8.

Band 351: Sebastian Josef Katona
Evaluation und Aufbereitung von Produktsimulationen mittels abweichungsbehafteter Geometriemodelle
KTmfk, ix u. 147 Seiten, 73 Bilder, 11 Tab. 2020. ISBN 978-3-96147-336-6.

Band 352: Jürgen Herrmann
Kumulatives Walzplattieren. Bewertung der Umformeigenschaften mehrlagiger Blechwerkstoffe der ausscheidungshärtbaren Legierung AA6014
LFT, x u. 157 Seiten, 64 Bilder, 5 Tab. 2020. ISBN 978-3-96147-344-1.

Band 353: Christof Küstner
Assistenzsystem zur Unterstützung der datengetriebenen Produktentwicklung
KTmfk, xii u. 219 Seiten, 63 Bilder, 14 Tab. 2020. ISBN 978-3-96147-348-9.

Band 354: Tobias Gläßel
Prozessketten zum Laserstrahlschweißen von flachleiterbasierten Formspulenwicklungen für automobile Traktionsantriebe
FAPS, xiv u. 206 Seiten, 89 Bilder, 11 Tab. 2020. ISBN 978-3-96147-356-4.

Band 355: Andreas Meinel
Experimentelle Untersuchung der Auswirkungen von Axialschwingungen auf Reibung und Verschleiß in Zylinderrol-lenlagern
KTmfk, xii u. 162 Seiten, 56 Bilder, 7 Tab. 2020. ISBN 978-3-96147-358-8.

Band 356: Hannah Riedle
Haptische, generische Modelle weicher anatomischer Strukturen für die chirurgische Simulation
FAPS, xxx u. 179 Seiten, 82 Bilder, 35 Tab. 2020. ISBN 978-3-96147-367-0.

Band 357: Maximilian Landgraf
Leistungselektronik für den Einsatz dielektrischer Elastomere in aktorischen, sensorischen und integrierten sensomotorischen Systemen
FAPS, xxiii u. 166 Seiten, 71 Bilder, 10 Tab. 2020. ISBN 978-3-96147-380-9.

Band 358: Alireza Esfandyari
Multi-Objective Process Optimization for Overpressure Reflow Soldering in Electronics Production
FAPS, xviii u. 175 Seiten, 57 Bilder, 23 Tab. 2020. ISBN 978-3-96147-382-3.

Band 359: Christian Sand
Prozessübergreifende Analyse komplexer Montageprozessketten mittels Data Mining
FAPS, XV u. 168 Seiten, 61 Bilder, 12 Tab. 2021. ISBN 978-3-96147-398-4.

Band 360: Ralf Merkl
Closed-Loop Control of a Storage-Supported Hybrid Compensation System for Improving the Power Quality in Medium Voltage Networks
FAPS, xxvii u. 200 Seiten, 102 Bilder, 2 Tab. 2021. ISBN 978-3-96147-402-8.

Band 361: Thomas Reitberger
Additive Fertigung polymerer optischer Wellenleiter im Aerosol-Jet-Verfahren
FAPS, xix u. 141 Seiten, 65 Bilder, 11 Tab. 2021. ISBN 978-3-96147-400-4.

Band 362: Marius Christian Fechter
Modellierung von Vorentwürfen in der virtuellen Realität mit natürlicher Fingerinteraktion
KTmfk, x u. 188 Seiten, 67 Bilder, 19 Tab. 2021. ISBN 978-3-96147-404-2.

Band 363: Franziska Neubauer
Oberflächenmodifizierung und Entwicklung einer Auswertemethodik zur Verschleißcharakterisierung im Presshärteprozess
LFT, ix u. 177 Seiten, 42 Bilder, 6 Tab. 2021. ISBN 978-3-96147-406-6.

Band 364: Eike Wolfram Schäffer
Web- und wissensbasierter Engineering-Konfigurator für roboterzentrierte Automatisierungslösungen
FAPS, xxiv u. 195 Seiten, 108 Bilder, 25 Tab. 2021. ISBN 978-3-96147-410-3.

Band 365: Daniel Gross
Untersuchungen zur kohlenstoffdioxidbasierten kryogenen Minimalmengenschmierung
REP, xii u. 184 Seiten, 56 Bilder, 18 Tab. 2021. ISBN 978-3-96147-412-7.

Band 366: Daniel Junker
Qualifizierung laser-additiv gefertigter Komponenten für den Einsatz im Werkzeugbau der Massivumformung
LFT, vii u. 142 Seiten, 62 Bilder, 5 Tab. 2021. ISBN 978-3-96147-416-5.

Band 367: Tallal Javied
Totally Integrated Ecology Management for Resource Efficient and Eco-Friendly Production
FAPS, xv u. 160 Seiten, 60 Bilder, 13 Tab. 2021. ISBN 978-3-96147-418-9.

Band 368: David Marco Hochrein
Wälzlager im Beschleunigungsfeld – Eine Analysestrategie zur Bestimmung des Reibungs-, Axialschub- und Temperaturverhaltens von Nadelkränzen –
KTmfk, xiii u. 279 Seiten, 108 Bilder, 39 Tab. 2021. ISBN 978-3-96147-420-2.

Band 369: Daniel Gräf
Funktionalisierung technischer Oberflächen mittels prozessüberwachter aerosolbasierter Drucktechnologie
FAPS, xxii u. 175 Seiten, 97 Bilder, 6 Tab. 2021. ISBN 978-3-96147-433-2.

Band 370: Andreas Gröschl
Hochfrequent fokusabstandsmodulierte Konfokalsensoren für die Nanokoordinatenmesstechnik
FMT, x u. 144 Seiten, 98 Bilder, 6 Tab. 2021. ISBN 978-3-96147-435-6.

Band 371: Johann Tüchsen
Konzeption, Entwicklung und Einführung des Assistenzsystems D-DAS für die Produktentwicklung elektrischer Motoren
KTmfk, xii u. 178 Seiten, 92 Bilder, 12 Tab. 2021. ISBN 978-3-96147-437-0.

Band 372: Max Marian
Numerische Auslegung von Oberflächenmikrotexturen für geschmierte tribologische Kontakte
KTmfk, xviii u. 276 Seiten, 85 Bilder, 45 Tab. 2021. ISBN 978-3-96147-439-4.

Band 373: Johannes Strauß
Die akustooptische Strahlformung in der Lasermaterialbearbeitung
LPT, xvi u. 113 Seiten, 48 Bilder. 2021. ISBN 978-3-96147-441-7.

Band 374: Martin Hohmann
Machine learning and hyper spectral imaging: Multi Spectral Endoscopy in the Gastro Intestinal Tract towards Hyper Spectral Endoscopy
LPT, x u. 137 Seiten, 62 Bilder, 29 Tab. 2021. ISBN 978-3-96147-445-5.

Band 375: Timo Kordaß
Lasergestütztes Verfahren zur selektiven Metallisierung von epoxidharzbasierten Duromeren zur Steigerung der Integrationsdichte für dreidimensionale mechatronische Package-Baugruppen
FAPS, xviii u. 198 Seiten, 92 Bilder, 24 Tab. 2021. ISBN 978-3-96147-443-1.

Band 376: Philipp Kestel
Assistenzsystem für den wissensbasierten Aufbau konstruktionsbegleitender Finite-Elemente-Analysen
KTmfk, xviii u. 209 Seiten, 57 Bilder, 17 Tab. 2021. ISBN 978-3-96147-457-8.

Band 377: Martin Lerchen
Messverfahren für die pulverbettbasierte additive Fertigung zur Sicherstellung der Konformität mit geometrischen Produktspezifikationen
FMT, x u. 150 Seiten, 60 Bilder, 9 Tab. 2021. ISBN 978-3- 96147-463-9.

Band 378: Michael Schneider
Inline-Prüfung der Permeabilität in weichmagnetischen Komponenten
FAPS, xxii u. 189 Seiten, 79 Bilder, 14 Tab. 2021. ISBN 978-3-96147-465-3.

Band 379: Tobias Sprügel
Sphärische Detektorflächen als Unterstützung der Produktentwicklung zur Datenanalyse im Rahmen des Digital Engineering
KTmfk, xiii u. 213 Seiten, 84 Bilder, 33 Tab. 2021. ISBN 978-3-96147-475-2.

Band 380: Tom Häfner
Multipulseffekte beim Mikro-Materialabtrag von Stahllegierungen mit Pikosekunden-Laserpulsen
LPT, xxviii u. 159 Seiten, 57 Bilder, 13 Tab. 2021. ISBN 978-3-96147-479-0.

Band 381: Björn Heling
Einsatz und Validierung virtueller Absicherungsmethoden für abweichungs-behaftete Mechanismen im Kontext des Robust Design
KTmfk, xi u. 169 Seiten, 63 Bilder, 27 Tab. 2021. ISBN 978-3-96147-487-5.

Band 382: Tobias Kolb
Laserstrahl-Schmelzen von Metallen mit einer Serienanlage – Prozesscharakterisierung und Erweiterung eines Überwachungssystems
LPT, xv u. 170 Seiten, 128 Bilder, 16 Tab. 2021. ISBN 978-3-96147-491-2.

Band 383: Mario Meinhardt
Widerstandselementschweißen mit gestauchten Hilfsfügeelementen - Umformtechnische Wirkzusammenhänge zur Beeinflussung der Verbindungsfestigkeit
LFT, xii u. 189 Seiten, 87 Bilder, 4 Tab. 2022. ISBN 978-3-96147-473-8.

Band 384: Felix Bauer
Ein Beitrag zur digitalen Auslegung von Fügeprozessen im Karosseriebau mit Fokus auf das Remote-Laserstrahlschweißen unter Einsatz flexibler Spanntechnik
LFT, xi u. 185 Seiten, 74 Bilder, 12 Tab. 2022. ISBN 978-3-96147-498-1.

Band 385: Jochen Zeitler
Konzeption eines rechnergestützten Konstruktionssystems für optomechatronische Baugruppen
FAPS, xix u. 172 Seiten, 88 Bilder, 11 Tab. 2022. ISBN 978-3-96147-499-8.

Band 386: Vincent Mann
Einfluss von Strahloszillation auf das Laserstrahlschweißen hochfester Stähle
LPT, xiii u. 172 Seiten, 103 Bilder, 18 Tab. 2022. ISBN 978-3-96147-503-2.

Band 387: Chen Chen
Skin-equivalent opto-/elastofluidic in-vitro microphysiological vascular models for translational studies of optical biopsies
LPT, xx u. 126 Seiten, 60 Bilder, 10 Tab. 2022. ISBN 978-3-96147-505-6.

Band 388: Stefan Stein
Laser drop on demand joining as bonding method for electronics assembly and packaging with high thermal requirements
LPT, x u. 112 Seiten, 54 Bilder, 10 Tab. 2022. ISBN 978-3-96147-507-0

Band 389: Nikolaus Urban
Untersuchung des Laserstrahlschmelzens von Neodym-Eisen-Bor zur additiven Herstellung von Permanentmagneten
FAPS, x u. 174 Seiten, 88 Bilder, 18 Tab. 2022. ISBN: 978-3-96147-501-8.

Band 390: Yiting Wu
Großflächige Topographiemessungen mit einem Weißlichtinterferenzmikroskop und einem metrologischen Rasterkraftmikroskop
FMT, xii u. 142 Seiten, 68 Bilder, 11 Tab. 2022. ISBN: 978-3-96147-513-1.

Band 391: Thomas Papke
Untersuchungen zur Umformbarkeit hybrider Bauteile aus Blechgrundkörper und additiv gefertigter Struktur
LFT, xii u. 194 Seiten, 71 Bilder, 16 Tab. 2022. ISBN 978-3-96147-515-5.

Band 392: Bastian Zimmermann
Einfluss des Vormaterials auf die mehrstufige Kaltumformung vom Draht
LFT, xi u. 182 Seiten, 36 Bilder, 6 Tab.
2022. ISBN 978-3-96147-519-3.

Band 393: Harald Völkl
Ein simulationsbasierter Ansatz zur Auslegung additiv gefertigter FLM-Faserverbundstrukturen
KTmfk, xx u. 204 Seiten, 95 Bilder, 22 Tab.
2022. ISBN 978-3-96147-523-0.

Band 394: Robert Schulte
Auslegung und Anwendung prozessangepasster Halbzeuge für Verfahren der Blechmassivumformung
LFT, x u. 163 Seiten, 93 Bilder, 5 Tab.
2022. ISBN 978-3-96147-525-4.

Band 395: Philipp Frey
Umformtechnische Strukturierung metallischer Einleger im Folgeverbund für mediendichte Kunststoff-Metall-Hybridbauteile
LFT, ix u. 180 Seiten, 83 Bilder, 7 Tab.
2022. ISBN 978-3-96147-534-6.

Band 396: Thomas Johann Luft
Komplexitätsmanagement in der Produktentwicklung - Holistische Modellierung, Analyse, Visualisierung und Bewertung komplexer Systeme
KTmfk, xiii u. 510 Seiten, 166 Bilder, 16 Tab. 2022 ISBN 978-3-96147-540-7.

Band 397: Li Wang
Evaluierung der Einsetzbarkeit des lasergestützten Verfahrens zur selektiven Metallisierung für die Verbesserung passiver Intermodulation in Hochfrequenzanwendungen
FAPS, xxii u.151 Seiten, 72 Bilder, 22 Tab.
2022. ISBN 978-3-96147-542-1.

Abstract

By using the LDS® method, devices or components with excellent properties such as high integration density, design and circuit layout flexibility can be produced. These advantages are important for many applications, including the production of RF components. However, the performance of such RF components must be qualified by fulfilling some certain requirements. Passive Intermodulation (PIM) as one of key requirements of RF component performance is a growing challenge in the past recent years, which can influence the transmission quality.

The investigation carried out within the scope of this thesis reveals that both the PIM level and quality features are dependent on laser process parameters. They can be controlled within a certain range by setting suitable laser process parameters. Results presented in this thesis show that the LDS® method can be applied for the production of RF components, taking into account PIM as a performance requirement.